共建共治共享·广州治水案例

周新民　禤倩红　杜冬阳　高辉　等　编著

中国水利水电出版社
www.waterpub.com.cn
·北京·

内容提要

本书为广州市河长办组编的“共筑清水梦”系列丛书之一。书中聚焦广州“本土经验”，在深入开展调研工作的基础上，整理出翔实的河长制多元主体参与治水协同的案例，生动地叙述了广州“治水故事”。本书从“领治”“智治”和“共治”的角度演绎了广州市水环境治理如何达至“善治”的现代化水平，为各地建立水环境“共建共治共享”新格局提供了参考和借鉴。

本书可供广大关注水环境治理的工作者、研究者阅读，也可为各地推行河长制工作提供借鉴。

图书在版编目（CIP）数据

共建共治共享 : 广州治水案例 / 周新民等编著. --
北京 : 中国水利水电出版社, 2021.5
ISBN 978-7-5170-9581-1

Ⅰ. ①共… Ⅱ. ①周… Ⅲ. ①河道整治－责任制－案例－广州 Ⅳ. ①TV882.865.1

中国版本图书馆CIP数据核字(2021)第086735号

书　　名　共建共治共享 · 广州治水案例
　　　　　GONGJIAN GONGZHI GONGXIANG · GUANGZHOU ZHISHUI ANLI
作　　者　周新民　禤倩红　杜冬阳　高辉　等　编著
出版发行　中国水利水电出版社
　　　　　(北京市海淀区玉渊潭南路1号D座　100038)
　　　　　网址: www.waterpub.com.cn
　　　　　E-mail: sales@waterpub.com.cn
　　　　　电话: (010) 68367658 (营销中心)
经　　售　北京科水图书销售中心 (零售)
　　　　　电话: (010) 88383994、63202643、68545874
　　　　　全国各地新华书店和相关出版物销售网点

排　　版　北京金五环出版服务有限公司
印　　刷　北京印匠彩色印刷有限公司
规　　格　170mm×230mm　16开本　7印张　106千字
版　　次　2021年5月第1版　2021年5月第1次印刷
印　　数　0001—5000册
定　　价　70.00元

《共建共治共享·广州治水案例》撰写人员

周新民	禤倩红	杜冬阳	高　辉
颜海娜	刘劲宇	于刚强	吴泳钊
陈　熹	麦　桦	李景波	徐剑桥
欧阳群文	邹　浩	毛　锐	王　芬
资惠宇	赖碧娴	杨　娟	李琳湘

总　序

ZONGXU

将“共筑清水梦”打造成系列丛书的灵感来源于年初出版的《共筑清水梦》一书。《共筑清水梦》带着河长漫画形象走出广州，去往佛山、东莞，走出广东，去往广西、海南、内蒙古……其出版引起了良好的社会反响，其新颖的形式和内容受到同行们的喜爱，收获了业内人士的推崇。

近年来，我们联合全市志愿者、民间河长推动河长制进校园、进社区，在政府履职、社会监督、公众参与等方方面面多管齐下打造“共筑清水梦”治水主题IP，致力于让河长制治理理念、治理成效深入民心。

“共筑清水梦”紧紧遵循“人民城市人民建，人民城市为人民”思想，致力于打造共建共治共享社会治理格局的美好愿景，体现了人民对“清水绿岸”“鱼翔浅底”幸福宜居环境的向往和追求，更体现了我们奋勇前行建设“美丽中国”、夙兴夜寐追寻“中国梦”付出的努力。随着河长制工作的不断深入、扩展，我们将在“共筑清水梦”主题加持下持续发力，不断总结、提炼，力争为各界读者带来更多务实、精彩的系列好书。出版丛书是筑梦的开始，更是通往梦想彼岸的路径，体现的是广州久久为功、同心筑梦的诚意与决心。为此，我们还在路上……

广州市全面推行河长制工作领导小组办公室

2020 年 12 月

生态环境是人类生存和发展的根基，生态文明建设是关系中华民族永续发展的根本大计。中央在深刻把握我国生态文明建设及生态环境保护大势的基础上，着眼于美丽中国建设目标，立足于满足人民日益增长的美好生活需要，对加强生态文明建设作出重大战略部署。全面推行河长制作为生态文明建设在国家治理体系上的创新，为维护河湖健康、实现河湖功能永续利用提供了重要的制度保障。广州是我国重要的国家中心城市，经济总量大，实际管理服务人口超过 2200 万人，水环境治理任务十分艰巨。自我国全面实施河长制以来，广州并不只是满足于执行“规定动作”完成“底线任务”，还进一步从“领治”“智治”“共治”等维度构建出以各级河长为核心、以社会参与为动力、以数字技术为保障的水环境治理新格局，探索出了一条超大城市水环境治理的新路径。

在河长制推行过程中，学界对河长制推动水环境治理的可持续发展予以高度关注，一些学者更是对新阶段治水工作能否跳出运动式治理的怪圈表达出一定的担忧。《共建共治共享 · 广州治水案例》一书的出版，通过翔实的河长制工作案例，为促进未来水环境治理的可持续发展提供了科学的、可借鉴的“广州样本”。这些极具创造性的经验做法，是推动河长制工作体系不断完善的可行之策。这些来自于实践的具有“泥土气息”的案例，是奋战在治水最前线的基层工作者以其锲而不舍的行动凝练总结出来的鲜活治水经验，是河长制为中国特色社会主义制度优势所提供的宝贵经验支撑。

“绿水青山就是金山银山”，这一论述深刻地阐明了经济发展和生态环境保护的关系，揭示了保护生态环境就是保护生产力、改善生态环境就是发展生产力的道理，为我国新时代推动高质量发展指明了路径。将经济发展、生态环境保护、人民福祉的改善有机统一起来，同样也是河长制工作面临的挑战。《共建共治共享·广州治水案例》一书对此给出了较为切合实际的解答：环境治理与高质量发展齐头并进、良好生态与民生福祉相辅相成。这些案例不仅回答了河长制落地“怎么做”的技术问题，更是针对河长制的发展如何坚持以经济建设为中心、坚持以人民为中心的理论思考交出了“广州答卷”。

当前，绿色发展理念已经成为全党全社会的共识和行动。在这一重要理念引领下，我国生态文明建设不断迈出坚实步伐，绿色发展的成就举世瞩目。同时也要看到，生态环保依然任重道远，生产生活方式的绿色转型任务还很艰巨。为此，在当前治水工作取得阶段性成果之际，有必要对各项举措和成效进一步总结，形成可复制推广的经验。《共建共治共享·广州治水案例》是由广州市河长办联合中共广州市委党校与华南师范大学成立课题组，在扎实开展调研工作、全面梳理广州市数据赋能河长制工作经验的基础上编撰的案例集，是广州水环境治理实践的经验总结、提炼与输出，该书不但为广州这个“全国黑臭水体治理示范城市”

增添了注脚，也为推动我国河长制的完善和城市水环境治理的可持续发展提供了可复制、可借鉴、可推广的“广州模式”。

河长制不是孤立、静止的，只有把河长制放在当前我国推进国家治理体系和治理能力现代化的大背景下，深入研究水环境治理主体之间以及各种治理主体与其存在的治理环境之间的关系，才能充分展现水环境治理过程中复杂的社会现象和社会问题，帮助读者深刻理解河长制背后隐含的深层次治理问题。值得肯定的是，《共建共治共享·广州治水案例》一书作者的治学态度严谨，能够扎根于广州河长制的实践，采取多样化的数据搜集方法开展实证调研，并对河长制运行进行了多视角分析，不仅开启了河长制从“有名有实”到“有能有效”的探索先河，也为后续河长制的改革创新提供了理论指导和实践依据。期待该书能成为全国河长制工作者的参考指南，让所有爱水护水的行动者都能有所裨益。

中共中央党校（国家行政学院）教育长　教授 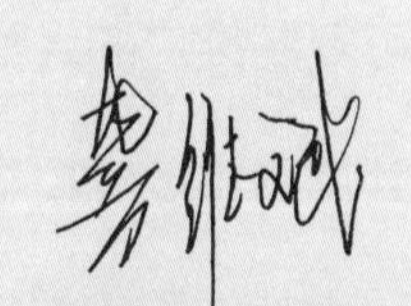

2021 年 3 月 6 日　于北京

前　言

QIANYAN

建设生态文明是关系人民福祉、关乎民族未来的大计，是实现中华民族伟大复兴中国梦的重要内容。我们既要绿水青山，也要金山银山。宁要绿水青山，不要金山银山，而且绿水青山就是金山银山。本书围绕广州河长制从“有名有实”到“有能有效”的发展历程，回应了河长制“生根发芽”后如何“茁壮成长”的现实问题。

广州市河长制在全面推行的过程中，经历了从“有名有实”到“有能有效”的跨越式发展。具体而言，可以划分为四个阶段：一是“有名”，河长制在全市落地推广，实现了河长制“师出有名”，是河长制起步阶段；二是“有实”，满足了压实河长制主体责任担当的关键需求，是河长制推进深化的阶段；三是“有能”，重在人才赋能、服务赋能、技术赋能、数据赋能，多措并举，是河长制决胜阶段；四是“有效”，重在发展的全面与可持续，满足生态文明建设的使命追求，是河长制长效发展阶段。为此，全面总结凝练在广州治水发展历程中以河长制为核心的基层水环境治理模式是十分必要的。如果说“共筑清水梦”系列丛书中的《数据赋能河长制》是抽象的顶层设计，本书作为“案例篇”则是聚焦于鲜活的“本土经验”，生动有趣地叙述了广州的“治水故事”，从“领治”“智治”和“共治”的角度演绎了广州市水环境治理如何达至“善治”的现代化水平，它们描绘的是统一于“共筑清水梦”下的“绿水青山”全景图。

本书分为“领治”“智治”“共治”三篇。

第一部分领治篇。通过介绍党建引领治水的大朗村案例、“网格呼叫、执法报到”的南沙区案例、“三个效益”齐头并进的大源村案例，阐明“领治”是完成水环境治理攻坚战最基本的前提和最坚实的后盾。具体体现在：党委领导是将中国特色的制度优势作为提升治理效能的根本保证，党员干部冲锋在治水第一线，“啃下”水环境治理的“硬骨头”，把发挥党员干部“身先士卒、率先垂范”的模范作用作为打赢治水攻坚战的基础保障。

第二部分智治篇。阐明数据赋能是推动治理能力现代化的重要路径。以信息化平台方便公众参与治水、以电力大数据为基层一线治水工作者减负增效都是“智慧治水”的重要体现。如广州市供电局创建的“散乱污”排查系统，从全市580万个数据总量中，提取出26万个疑似“散乱污”场所数据，减轻基层以人海战术摸查“散乱污”的负担。推动水环境治理能力现代化离不开“智治”。

第三部分共治篇。实现水环境长制久清离不开广大人民群众的能量，离不开社会“共治”的力量。各类社会组织前仆后继地投入到治水事业当中，培育了一代又一代的民间河长，面向“民间小河长”宣扬节水护水理念，面对不同群体针对性推出各式教学模具等，用实际行动展现着广州“开门治水、人人参与”的治水风采。

“三治”之间的关系是相辅相成的，“领治”以“令行禁止、有呼必应”的权威，扫清了阻碍治水攻坚战的一切障碍；“智治”以数据全流程“赋能”的方式极大地提升了基层治理能力和治理水平；“共治”则是激活社会力量，凝聚起社会参与的热情，让公众从利益“相关者”到美丽水环境的“参与者”和“建设者”，最终完善“党委领导、政府负责、社会协同、公众参与、科技支撑”的治水新格局。

本书采用文献梳理法、访谈法、非参与式观察法、实地考察法、问卷调查法等方法开展了三个阶段调研工作。调研由浅入深，通过对多主体的访谈，深度挖掘了广州基层治水中的创新举措和可复制借鉴的模式经验。在此，特别感谢参与案例调查、整理基础素材的华南师范大学的同学们：李敏佳、吴泳钊、王露寒、曾蕾汀、李东泽、李金松、陈家兰、苏启航、黄俊康、赵雨婕、李晓敏、潘姿好、廖丽霞、阮钰涵。

本书具有三大特色：一是案例的内容覆盖面较广，涉及的主体从政府机关、社会组织到各级河长，几乎覆盖广州市水环境治理的相关主体，总结了不同主体在治水攻坚战中的治水、护水经验；二是案例的可借鉴性和可推广性强，各优秀案例都由相关负责人二次把关，反复研讨，最终总结出内核清晰的案例内容和经验；三是案例表述通俗易懂，具有很强的可读性。每个案例均有其特殊的场域，为了便于读者理解案例的时代需求及创新缘由，每个案例都撰写了引言和背景介绍，读者可以通过引言和背景介绍，快速进入案例情境。

通过阅读本书，广大关注水环境治理的工作者、研究者和读者不仅可全面、深入地了解广州治水的实践经验及广州河长制工作的逻辑，而且可从中获取有关水环境治理的有益线索和宝贵、难得的素材。

最后，谨以本书致敬“共筑清水梦”的每一位践行者。

作者

2021 年 3 月　于广州

目录

MULU

1 领治篇

LINGZHI PIAN

中国特色社会主义制度的最大优势是中国共产党的领导，党是最高政治领导力量。“河长领治”是打好水治理攻坚战最坚强的保障。本篇介绍了广州市白云区大朗村、广州市南沙区和广州市白云区大源村三个典型案例：大朗村案例以党建引领治水，充分发挥基层党组织的先锋模范作用，发挥党员干部率先垂范的作用；南沙区案例以“网格呼叫、执法报到”，开拓了基层治水的新模式；大源村案例以党建引领实现“三个效益”齐头并进。本篇以丰富的实践案例彰显了党建引领水环境治理的“红色密码”。

1.1 党建引领治水路 大朗村河道换新颜

基层党组织是贯彻落实党中央决策部署的“最后一公里”[1]。广州市白云区大朗村在治水实践中，充分发挥了党建引领的作用，积极打造党员突击队，充分发挥党员干部“冲锋队”的模范带头作用，将治水与党建紧密结合，通过设立联络员制度、运用信息化手段等方式强化联动，加大宣传，凝聚干群力量，为各项治水工作的开展提供坚强保障。大朗村以党建引领为抓手推动了辖区内河涌景象从黑臭不堪转变为水清岸美。

1.1.1 案例背景

环滘河全长 4.25 千米，南北两端分别连接白云湖、流溪河，沿线分布有唐阁村、大朗村。环滘河在大朗村内的长度为 2.28 千米，鱼翔浅底、岸绿水清的环滘河是大朗村的“靓丽风景画”。然而，在环滘河还未得到治理之前，河涌两岸建筑物十分密集，巡河通道未打通，居民楼沿线排污情况严重[2]。此外，环滘河的两岸存在着企业排污不规范、水面垃圾多、河水水质堪忧等问题，令河涌周围生活的居民十分不满。

为解决环滘河的黑臭问题，2018 年，广州市白云湖街道将环滘河纳入黑臭河涌整治“拔钉行动”。环滘河的整治工作主要分为两大部分：一是在大朗城中村全面实施雨污分流，雨水系统和污水系统彻底分离，并把城中村污水纳入城镇污水收集处理体系；二是打通巡河通道，实现环滘河全长 4.25 千米的贯通。然而，在打通巡河通道、拆除临河违建、实施雨污分流等过程中，大朗村也曾举步维艰。以白云湖征地拆迁为例，首先，个别单位和居民对补偿的期望过高，不少居民提出较高的补偿费用，但河涌整治工程只能按照政策制定的标准开展征拆补偿，被拆迁户对补偿的期望与政府补偿能力之间存在落差，街道与居民难以达成共识。其次，大朗村还出现了违规抢建、抢种的现象。居民们知道村内即将征地，在征地范围内将之前所种的菜苗换成了树苗，企图套取拆迁补偿款。最后，环滘河两岸的 6 米红线内也有具有合法产权的楼房居民不愿意搬走，试图通过“消耗”时间坐地起价。上述行为均严重阻碍了拆迁进度，影响了环滘河整体工作开展。

1.1.2 主要做法

大朗村通过大力弘扬密切联系群众的优良作风、深入基层一线增强同人民群众的感情，贯彻“从群众中来到群众中去”的工作方法，在基层实践中找到了解决问题的“金钥匙”。面对上述的棘手难题，大朗村一方面及时调整工作策略，积极发挥党建引领的先锋模范作用，迅速成立党员突击队，整合部门资源打造出了一支强有力的治水队伍；另一方面，紧跟时势，借助市政雨污分流的“东风”，积极配合市河长办同步开展治水工程建设，与市级工程队伍设立联络员制度，以实现旧村改造。

（1）发挥党建引领作用，成立党员突击队。

大朗村通过调整治理结构，扩大村内基层党组织规模，在水环境治理上充分发挥了党员的先锋模范作用。具体做法包括：一是整合公众资源。全新的基层党组织队伍在发展壮大后呈现出年轻化、高知识化的特点。在具体的拆迁过程中，领导班子共同行动，整合体制外的行动资源，积极对接居民，做好思想工作。在全新的领导班子的带领下，大朗村得以顺利高效地开展环滘河的整治工作。二是党员带头响应拆违。大朗村的党员们发挥党员的先锋模范作用，从自家房屋拆起，再发动亲戚朋友拆违，将触及红线内的房屋部分或围墙拆除，使拆违形成规模效应。三是青年党员成为排头兵，主动攻坚克难。大朗村的党员突击队成员如今大部分由青年党员、大学生党员组成，负责处理大朗村治理中重大且艰难的工作。在拆违时，严格按照 6 米的标准执行拆违，不偏袒每一户，坚决维护群众的合法权益，使拆违工作得以顺利推广到沿河每一户（见图 1.1-1）。

（2）村内截污纳管、雨污分流工程与市内工程联动。

水环境的整治是多维度、多方面的，居民的诉求和对美好环境的期盼是推动

图 1.1-1　环滘河拆违前后对比图

水环境治理的重要力量。大朗村以治水为实现整体村居环境改善的起点，推动治水工作如期开展。在大朗村的治水实践中，村内的截污纳管工程和市里的截污纳管工程同步进行（见图 1.1-2），内外联动，村里施工路段不仅得到全面修复，河涌两岸拆违和消防通道打通的工作开展得更为顺利。工程建设完毕后，大朗村的村容村貌发生了巨大改变，为后续水环境治理工作的开展奠定了稳固的基础。大朗村治水实践的成功，关键在于加强了与广州市河长办的对接。在广州市河长办的正确指导下，大朗村实现了资源整合，达到以治水工程实现村居环境“微改造”的目的。

图 1.1-2　环滘河截污纳管工程

（3）实施联络员制度，打通信息交流渠道。

为推动大朗村委会和施工队之间及时沟通和联络，村内专设了联络员，负责信息传递，保证两者之间的信息畅通。施工队在哪个地方要开挖，哪个地方回填，首先会告诉协调员，协调员会把信息带回大朗村村委会，村委会领导在每周例会中通报施工情况，领导班子能够较为全面地掌握整个工作的推进情况。联络员充当基层党组织与施工队间的桥梁，用自己的脚步丈量河道，时刻关注治水动态，极大地推动了治水进程。

（4）利用信息化手段，实现高效巡河。

曾经，村级河道普遍路况复杂，导致人工巡查河道存在工作量大、难度高等问题。同时，很多临河区域工作人员无法进入，未能达到河涌巡查全覆盖的效果。随着巡河手段的不断升级，在河涌监管上，大朗村充分利用信息化手段，在河涌周围设置监控摄像头，实现对河涌情况的实时监控。同时村内设置两名专职的巡河队员，与村河长、河段长共同负责不同片区的巡河工作。专职巡河队员在巡河过程中，发现问题及时进行记录，并通过微信群反馈给相关负责人，将问题传递到专门负责对接的部门与工作人员处，极大地提高了巡河效率。

1.1.3 实施成效

自 2018 年治理至今，环滘河已经实现了不黑不臭，监测的各项水质指标也达到治理目标的要求。截至 2020 年，白云湖街道已清理水面漂浮物面积达 12000 平方米，清理河涌底泥污染物约 8000 立方米；清理河湖障碍物 20 处，面积约 18000 平方米；清理涉河违法建筑物 58 处，面积约 38000 平方米。现在的环滘河，不仅水质清澈见底，难闻的味道也消失了，河道两旁还建有朱红色防护栏，一米多宽的人行道沿河岸不断延伸，成为散步休闲的好去处，大朗村村民获得了极大的幸福感（见图 1.1-3~ 图 1.1-6）。

图 1.1-3　环滘河大朗村段（西社学桥附近）整治前后对比图

图 1.1-4　环滘河大朗村段（天后庙）附近整治前后对比图

图 1.1-5　环滘河大朗村段（夏边一社拱桥）整治前后对比图

图 1.1-6　环滘河大朗村段（华快桥底）整治前后对比图

1.1.4　经验启示

大朗村推动党建引领治水工作，践行水环境治理新思路，充分发挥基层党组织的先锋模范作用，锻造年轻有力的党员突击队，号召党员率先垂范，动员广大党员干部冲在黑臭水体治理工作第一线，党员的身影已经成为大朗村治水一线最美丽的风景。同时，大朗村灵活设立治水联络员角色，适时抓住市内工程建设契机，同步推进大朗村治水工程，并利用技术化手段，完善信息反馈制度，取得了独特的治水经验。

（1）创设“党建 +”治水新模式，筑牢治水堡垒。

在大朗村治水的案例中，党建引领是其最突出、最有特色的亮点之一。在拆违的过程中，通过党员率先拆违产生带头作用，形成村内拆违、治水的良好风气，带动后续村民的拆违工作。大朗村党组织通过强化政治领导能力，发挥政治领导作用，为基层社会治理提供坚强领导。在基层党组织的带领下，村内成立了党员突击队，在解决重大难题上发挥了不可替代的作用。大朗村党组织采用“柔性管理”的方式，贯彻党的群众路线，激发了群众参与水环境治理的积极性，涉水违建基本按时完成拆除。并且，大朗村党组织在拆违时严格按照标准进行，在群众中建立了政治认同和治理权威，这反过来也推动了大朗村水环境治理工作的开展。

（2）巧借“东风”，与市级工程同步施行。

在这场水污染防治攻坚战的行动中，大朗村借助治水拆违与排水单元建设的“东风”，积极链接资源，推动村内工程与市级工程同步施行，把工程任务与村（居）宜居环境改造一并推进，让居民真正感受到水环境提质增效的幸福感。在中国建筑第七工程局有限公司的帮助下，工程由市政府出资、统筹及指导，大朗村负责推进工程进度，对村内路面进行重新整治，加快村内拆违进度，以上下联动形成层级合力，高效推进任务完成。

（3）设立联络员，促进信息流转。

联络员制度也是大朗村治水的亮点之一。联络员制度提高了信息“上达”效率并减少了政策“信息过滤”。通过联络员直接将施工现场的信息传递给领导层，减少了信息“上达”的层级数量，提高了信息流转的总体效率，从而提高了工程效率，避免“持久战”，最大限度地降低了施工对居民的影响。联络员的存在也在一定程度上起到监督作用，防止施工队怠惰、偷工减料等情况的发生。联络员既协助推动落实党委政府各项治水政策，又可以及时反映治水工作的诉求和意见建议，充分发挥桥梁沟通作用；在保持信息联动的同时，加强了治水主体间的沟通，实现工作畅通化。

（4）善用“互联网 + 河长制”，提升治水效率。

治水不能仅凭政府传统行政力量的推动，也应利用新时代背景下信息化发展的优势，推动治水工作精准、高效地进行。大朗村正是通过信息化手段，善用微信群等互联网平台，将巡河时发现的河涌问题及时上报至工作群，实现信息共享互联，完善了问题“上报—流转—处理—反馈”流程和信息报送流程，健全工作督察制度，推动河长制从“有名”向“有实”转变，使河流治理更具成效。大朗村将河长制各项工作与互联网技术结合起来，实现河长制管理的信息化与智能化，既加强了部门间的协同治理，也起到监督巡河队员的作用。通过完善工作机制，使治水工作更有效率、更具有针对性，是信息技术嵌入水环境治理的体现。

专家点评

从河流治理的经验来看，村级河流与村民的日常生活联系非常紧密，河流治理涉及的关系较为复杂，许多问题从表面看是鸡毛蒜皮的事情，但却是利益攸关的事情，敏感程度非常高，解决起来却并不容易。因此，村级河流的污染治理也是水环境治理中比较“难啃的骨头”，也要求治理转向精细化发展。白云区大朗村充分发挥党建引领的作用，通过成立党员突击队、加强与市河长办对接、设立专门联络员和应用现代信息技术等方式，抓住有利时机，深入攻坚克难，细致入微地实现了对环滘河水污染问题的有效治理，为村级河流污染问题的治理提供了有益的经验，也值得其他地方学习和借鉴。

大朗村党建引领水污染治理主要形成以下几个方面的经验：一是坚持党建引领，充分发挥党组织在基层治理中的政治优势，大力整合各方面的资源，协调治河过程中的矛盾冲突，特别是发挥党员干部的先锋模范和“排头兵”作用，破解河流治理过程中的难题，形成良好的示范效应；二是积极利用各方面的外围资源，主动与市政部门、环保部门和河长办等加强联动，将相关职能部门都吸纳到河流治理中来，尤其是将河流治理与市政建设项目对接起来，借机解决了水污染的问题，也完善了相关基础设施，为河流的维护管理奠定了良好基础；三是善用现代信息技术，利用摄像头等技术设备监控河流状况，及时反馈相关数据，通过互联网信息平台发现和处理问题，推动了河流治理的信息化、科学化和精细化；四是专设的信息联络员发挥了良好的桥梁和纽带作用，理顺了治水工作的主体关系，也督促各方提升河流治理的效率。

（韩志明，上海交通大学国际与公共事务学院、
中国城市治理研究院教授）

相关链接

访谈提纲：

（1）请介绍一下大朗村的水环境治理基本情况。

（2）请介绍一下大朗村领导班子的基本情况，村级河长在治水中是如何发挥作用的？

（3）在“河涌拆违”“雨污分流”等工程的攻坚上，大朗村是如何统筹全村的资源完成要求的？在这个过程中有怎么样的阻碍？如何克服？形成怎么样的经验？

（4）在拆违过程中，阻力具体表现是什么？“极力反对”的村民用什么方式反对？

（5）大朗村的领导班子具体是如何推进拆违的（怎么做工作，怎么化解矛盾）？形成了怎样的经验？

（6）您认为在整个治水过程中，什么因素是大朗村成功的重点？哪些方面的经验具有推广性？

（7）下一步工作上，有怎么样的计划推进完善本村的水环境建设？

拓展阅读：

党建引领治水路，大朗村河道换新颜

https://mp.weixin.qq.com/s/uEGLt2qElfB0RKIiy48Mog

1.2 “网格呼叫、执法报到” 南沙区创新基层治水新模式

广州市南沙区水网交错，河涌密布，居民世代依水而居。抓好水环境治理工作，是南沙区打造一流人居环境，实现高质量发展的必然要求。南沙区在其治水实践中，将拆违治水工作放在全局工作的重要位置，坚持问题导向，通过精细化管理手段，实现“网格呼叫、执法报到”，通过强有力的措施，建立完善综合评价机制，加强机制创新，建立多级联动治理工作机制，齐心协力推动拆违治水各项工作落实见效。

1.2.1 案例背景

南沙区位于广州市最南端、珠江虎门水道西岸，西江、北江、东江三江汇集之处。全区总面积 803 平方千米，下辖 3 个街道、6 个镇。截至 2019 年年末，全区常住人口 79.61 万人，户籍人口 46.33 万人。南沙区作为广东省自贸区面积最大的片区，既是广东省对外开放、深化改革、深度参与国际合作的重要平台，也将成为广州在新一轮改革开放中加快发展的重要引擎。然而，作为改革开放的排头兵，南沙区在治水过程中却面临河长履职积极性差、上报问题避重就轻、职能部门协同不足、社会力量参与不足等一系列难题。通过一系列创新举措，南沙区以“综合执法”为重要抓手，统筹全区各级河湖长、相关职能部门通力合作，全力推进河（湖）长制各项任务落实，推动河（湖）长制从“有名”到“有实”，在黑臭水体治理上取得了阶段性成效，并形成了独具特色的治水模式。

1.2.2 主要做法

（1）以“强监管”带动“真落实”。

一是强化督导。严格落实《关于建立南沙区 2020 年市河长令重点专项工作督导督办机制的实施方案》，结合上级专项巡查等工作，南沙区河长办各督导组

对全区 9 个镇（街）开展督导工作，进一步督促河长履职尽责、提高河长履职能力。

二是加快落实交办、督办事项。截至 2020 年 12 月底，南沙区在河长 App 上交办问题 2786 宗，办结 2784 宗，办结率 99.93%，其中广州市河长办督办问题共 55 宗，办结 55 宗，办结率 100%。努力做到件件有落实，宗宗有回复。同时督促各镇（街）加快对上级交办问题的整改，及时向交办单位反馈整改进度和整改计划、确保已完成整改的问题不反弹。

三是加强督促各级河长巡河履职。2020 年 1—12 月，南沙区区级河（湖）长共巡查一般河湖 750 次，平均巡河率为 100%；镇（街）级河（湖）长共巡查 5287 次，巡河率 99.51%；村（居）级河（湖）长共巡查河湖 12599 次，巡河率 98.09%。南沙区区级河长共巡查黑臭河湖 13 次，巡河率 100%，覆盖率 100%；镇（街）级河长共巡查 54 次，巡河率 100%，覆盖率 100%，村（居）级河长共巡查 1691 次，巡河率 99.29%，覆盖率 100%。

（2）“精细化”管理实现“网格呼叫、执法报到”。

在治水进程中，南沙区以网格服务管理为抓手，实现基层服务“加码”。加强区、镇（街）两级社区网格化服务管理指挥中心建设，建立“区－镇（街）－村（居）”三级网格，通过精准细分基础网格、加强社会化服务建设、优化网格架构，推动镇（街）网格化服务管理向优化管理、深度服务升级转变。

同时，重新划定全区网格，具体为：一是对现有村（居）网格在规模上进行细分。将全区作为 1 个大网格，9 个镇（街）作为中网格，再划分 158 个村（居）作为小网格，最后结合地域面积、人口密度、区域特点及管理复杂程度等因素，精准划分为 N 个基础网格，形成“1+9+158+N”网格体系，为做深做实基础网格服务管理工作奠定基础。二是建立“区－镇（街）－村（居）”三级网格执法体系。镇（街）综合行政执法队结合实际设置若干执法小分队，每个小分队对应若干个小网格。三是打造巡查、执法通用的智慧云平台。网格员在巡查过程中通过智慧云平台向综合行政执法队推送相关信息，镇（街）综合行政执法队根据信息及时组织执法，实现“网格呼叫、执法报到”。四是打造复合型的基础网格员队伍，对信息采集、代办服务、网格事项、宣传指引等事项进行全面梳理，扩大网格事项覆盖面。同时，在原偏重于管理职责清单的基础上，增加社会化服务清单，促进镇（街）网格化服务管理向优化管理、深度服务升级转变，不断提升网格化服务管理水平。

（3）建立多级联动治水工作创新机制。

一是建立网格化服务管理与综合行政执法联动机制。在村（居）层面，镇（街）综合行政执法队结合实际设置若干执法分队，每个分队对应若干个小网格。网格员在巡查过程中通过智慧云平台同步向镇（街）综合行政执法队和区综合行政执法局推送相关信息。其中大部分事项由执法分队第一时间进行处置，实现“网格呼叫、执法报到”，确保“小事不出村（居）、大事不出镇（街）、矛盾不上交到区”。如涉及需由镇（街）和区级共同执法的事项，由镇（街）综合行政执法队及时协调，组织相关部门共同执法。区综合行政执法局就执法事项报送等内容对网格员进行培训指导，网格化服务管理工作人员可通过智慧云平台反馈执法工作建议。

二是建立区职能部门派出机构与镇（街）联动机制。借助智慧云平台，构建镇（街）综合行政执法队与公安派出所、司法所、应急部门等执法力量的多层次、高效率的联动工作机制，实现区职能部门派出机构“区属、共管、共用”。各执法队伍充分发挥自身优势，实行日常情报互通，提升有效情报的综合运用水平。重大执法活动开展前，建立事项报备制度，提前协调调动执法力量。执法活动开展时，建立即时响应制度，遇到当事人干扰、阻挠、威胁执法或暴力抗法时，公安派出所即时响应快速出警进行处置。执法活动结束后，建立处理结果通报制度，公安派出所及时将综合行政执法相关案件处理结果向镇（街）综合行政执法队通报，确保处置标准一致，维护执法权威。探索制定适用于公安派出所、司法所、应急部门和镇（街）综合行政执法队等一线执法部门的统一法律指引及联动法律文书，提升执法规范化水平。

三是建立完善综合评价机制。依托智慧云平台，实现社情民意信息处理进度和结果历史数据的“全量收集”和“实时传递”，创新以往由区职能部门考核镇

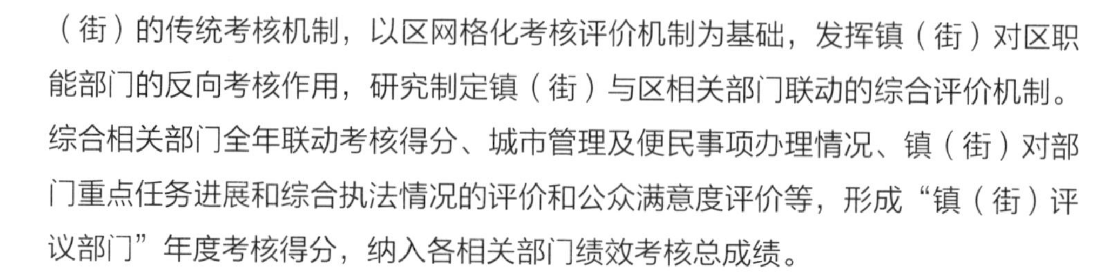

（街）的传统考核机制，以区网格化考核评价机制为基础，发挥镇（街）对区职能部门的反向考核作用，研究制定镇（街）与区相关部门联动的综合评价机制。综合相关部门全年联动考核得分、城市管理及便民事项办理情况、镇（街）对部门重点任务进展和综合执法情况的评价和公众满意度评价等，形成“镇（街）评议部门”年度考核得分，纳入各相关部门绩效考核总成绩。

1.2.3 实施成效

在河涌保洁方面，截至 2020 年 12 月底，南沙区“洗河”行动洗河长度 1.65 万千米，投入人数 42 万人次，投入保洁机械 8 万辆次，投入保洁船 21.8 万艘次，清理水面面积 617 平方千米，清理垃圾杂物 3.3 万吨。

在小微水体整治方面，已出台区小微水体整治方案；所有小微水体已设立镇（街）、村（居）级河长及河段长；已完成 70 宗小微水体现场调查和电子标绘绘制，已完成编制并印发“一点一策”报告。各镇（街）2019 年已基本完成 70 宗小微水体整治任务。2020 年年底前全面完成 70 宗小微水体整治任务，并建立完善长效管护机制、保持小微水体洁净，实现小微水体“三无”目标。

在源头减污挂图作战方面，南沙区第三轮源头减污挂图作战工作、总任务为 121 宗，完成时限为 2020 年 10 月 9 日；截至 2020 年 9 月底，已销号 121 宗，销号率 100%。排水单元达标方面，《南沙区全面攻坚排水单元达标实施方案》及任务书已印发实施，并召开全区排水单元动员大会、村（居）排水单元达标工作培训会议，对达标计划进行了部署。截至目前，全区已实施雨污分流个数 242 个，面积 23.6392 平方千米，面积达标占总比 38.35%。已完成 41 个小区的排水管网摸查工作。

在拆违方面，南沙区落实广州市总河长令（第 5 号和第 8 号）涉及 4805 宗疑似违建拆除任务和打通巡河通道整治要求，截至 2020 年 12 月底，已完成涉河湖违建拆除整治 9299 宗，面积 127.13 万平方米，其中，完成拆除 4880 宗，面积 53.89 万平方米；完成整治 4419 宗，面积 73.23 万平方米。

在污水处理收集效能方面，2020 年 1—12 月南沙区全区加权平均进水氨氮浓度为 15.32 毫克每升，同比增加 23%。在农村生活污水查漏补缺工程方面，截至 2020 年 12 月，农村污水查漏补缺期工程累计完成污水管网 614 千米，立管改造 1205 千米，资源化利用 2322 户，截污 2088 户。2020 年获评 20 个全国农村生活污水治理示范县之一。

1.2.4 经验启示

（1）党建引领推进综合执法。

按照新时代加强党的领导和党的建设要求，南沙区着力推动基层党建工作。首先是以党建引领基层治理创新，整合优化面向党员和群众的服务平台，把加强党的领导和党的建设贯穿基层治水的各个方面，充分发挥党员、党支部在治水实践中的统筹协调作用。其次是推进基层党的工作体制机制创新、方式方法创新。通过职能相对集中和政事分开原则以及一类事项由一个内设机构（事业单位）统筹负责的原则，推行行政执法事项统一由“一支队伍”负责，行政管理性质的工作由内设机构承担，事务性、辅助性的工作则由对应的事业单位承担。实现了各类资源的集成使用，形成镇（街）“集中力量办大事”的体制机制，保障各项重点工作有力推进。

（2）整合职能统一执法。

南沙通过整合行政执法资源，建立镇（街）综合行政执法队，合理配置行政执法力量，推动镇（街）从“条线专业执法”向“条块结合、以块为主”的综合行政执法模式转变，从“多次检查、多项监管”向“一次检查、集中监管”转变，实现对企业等市场主体的执法“减负”。南沙通过推进综合行政执法改革，整合行政执法权，并通过资源的下沉，增强基层的执法能力，缓解了“人少事多”“权多责少”“多头执法”“重复执法”“推诿扯皮”等治理困境；并通过权力合理划分，保证权力“放得开、接得住”。综合行政执法队伍实行上级执法部门和镇（街）双重领导、以镇（街）为主的管理体制。实现上级执法部门负责业务管理，镇（街）负责人、财、物管理，一般事项执法由镇（街）综合行政执法队负责，专业事项执法由区执法部门负责的工作格局，推动了治水工作进展。

（3）强化问责倒逼河长积极履职。

在全面推进河长制的工作中，确保河长履职尽责是关键。南沙区定期将各级河长履职情况通报给区纪检监察和组织部门，明确河长履职方式、内容、要求，强化监管。对于工作不负责、不用心、行动缓慢迟钝、措施软弱无力、整治效果不佳、未完成任务的单位或个人，严厉查处其失职失责行为，倒逼各级干部履职尽责、积极作为。

（4）信息化支撑实现网格化管理。

全面打造南沙智慧管控平台，建成智慧管控体系，规范区、镇（街）两级社区网格化服务管理指挥中心建设。注重发挥管控指挥平台的数据集成、运行监测、分拨处置、指挥协同、应用评价五大功能，推动实现对各类实有事件“第一时间发现、第一时间处置、第一时间解决”，对办理情况全程跟踪督办，形成闭环管理。强化大数据应用，为领导决策、业务工作、考核督办提供数据支撑。

总的来说，南沙区在水环境治理工作中，坚持政治站位，切实做好党建引领工作，着力构建治水长效管理机制。通过颁布一系列政策文件，健全完善各项制度，以“强监管”带动“真落实”，进一步完善责任追究机制，以问责倒逼责任落实；通过“精细化”管理实现“网格呼叫、执法报到”，完善基层执法改革；加强治水领域机制创新，理顺工作机制；建立多级联动治理工作机制，突出问题导向，强化监管，充分提升河长的责任感和使命感，真正实现河长制从“有名”到“有实”的转变。

专家点评

“绿水青山就是金山银山”。“全面推行河长制”是党中央作出的重大战略部署。作为水环境治理的创新举措，河长制旨在形成河长领治、上下同治、部门联治、全民群治、水陆共治的治水新格局。这一创新制度的实际运作状况如何？

作为水网交错、河涌密布的区域，广州市南沙区坚持问题导向，勇于创新，统筹全区各级河湖长、相关职能部门通力合作，通过“精细化”管理实现“网格呼叫、执法报到”，建立起多级联动治理工作机制，在黑臭水体治理上取得了阶段性成效，真正将河长制这一治水新模式落到了实处。

该案例的一个亮点，就是以网格服务管理为抓手，建立起“网格呼叫、执法报到”的协同治理工作机制。这种协同治理表现在多个方面，既表现在政府与社会的协同治水上，也表现在政府内部的条块联动上。条块关系是我国行政体系中基本的结构性关系，由于基层政府设置的不完备性，这种条块关系显得更加复杂。一方面，垂直化管理改革，使得当前基层条块关系总体上呈现出“条强块弱”的势态；另一方面，要做到治理重心下移，就必须同时做到资源下沉和权力下放，但在实践中，“看得见的管不着，管得着的看不见”等治理悖论仍时有发生。南沙区借助智慧云平台，构建区级职能部门与镇（街）的联动机制，较好地解决了条块分割的治理矛盾。

（颜昌武，暨南大学公共管理学院教授）

相关链接

访谈提纲：

（1）请简单介绍一下南沙区的基本情况。

（2）南沙区在治水攻坚中具有什么特色？

（3）南沙区是运用什么方法调动职能部门配合属地工作的？

（4）南沙区在哪些方面有创新的亮点机制？

（5）南沙区在这样的治理模式下取得怎么样的成就？

拓展阅读：

“网格呼叫、执法报到”，南沙创新基层治水新模式

https://mp.weixin.qq.com/s/AT5byKVEzNMMYrcCNUFh3g

1.3 “三个效益”齐头并进 “网格化”助力水环境治理——大源村治水案例

乡村振兴战略实施以来，广州市白云区大源村以人居环境整治行动为抓手，坚持以党的基层组织建设为统领，以社会效益、经济效益、生态效益统筹发展为引领，推进大源村社会、经济和生态多领域整治，把大源村建设成为产业兴旺、生态宜居、乡风文明、治理有效、生活富裕的魅力新村。经过整治，大源村实现“社会、经济、生态”三个效益齐头并进，被评为“全国乡村治理示范村”。

1.3.1 案例背景

大源村地处广州市白云区太和镇东南部，是广州最大的城中村。在产业升级前，大源村的产业以化妆品、服装、制鞋等不成规模的个体制造业为主，存在很多散布于居民区的无牌无证小作坊。不完善的“三废”处理程序和不齐全的手续让这些藏匿于居民区的小作坊成为“散乱污”的“主力军”。此外，大源村一度存在难以整治的“僵尸企业”，虽然企业手续和硬件齐全，但是在开办后并未正常运营，而是陷入停滞状态，这无疑让大源村水环境治理面临着极大的挑战。首先，大源村外来人口众多、居民成分复杂，导致水治理的进展难以得到有效推进；其次，黑恶势力横行，建起了违法建筑群，侵占河涌 6 米红线，打通沿河通道十分困难。

经济社会发展和民生最突出的矛盾和问题在基层，必须把抓基层打基础作为长远之计和固本之策，丝毫不能放松。为改变上述乱象，自 2018 年开始，大源村以党建引领，借助“网格化”治理为基础多措并举，实现了社会效益、经济效益、生态效益的“三个效益”统筹发展的良性局面。

1.3.2 主要做法

（1）加强党的基层组织建设，党建引领综合整治。

大源村是广州著名的“巨无霸”城中村，总面积 25 平方千米。截至 2019 年，村内常住人口约 17 万人，村社集体经济收入 5255.94 万元。由于外来人口众多，物流发达，出租屋多，具有极大的社会管理压力。与此同时，大源村曾经因为不重视基层党组织的能力建设，导致社会治理混乱，黑恶势力抬头。针对上述问题，大源村在全省范围内率先“将支部建在经济社上”，实现 23 个经济社全覆盖，疏通集体经济组织领导的“堵点”。一方面，加强对经济联社、经济社及其负责人的政治领导；另一方面，推进农村干部选任制度改革，推行村党组织书记“三个一肩挑”、经济社社长任命制，把干部任免权牢牢掌握在区、镇党组织中。截至 2020 年，白云区 1779 个经济社全覆盖建立 1704 个党支部，全面领导经济社经济发展、社会管理等事务，打通重点工作的落实难题，把“令行禁止”体系延伸到农村——“最后一公里”。

（2）开展扫黑除恶专项活动，“啃下”硬骨头。

曾经，当地黑恶团体常常采取非法转让土地、违规出租集体物业、参与违法建设或垄断经营水电等手段欺压百姓、阻碍社会和生态整治工作。近年来，广州市白云区纪委监委意识到扫黑除恶工作的紧迫性，推动职能部门依法拆除的涉黑涉恶违法建筑逾 20 万平方米，对涉黑涉恶团伙进行毁灭性打击。仅在 2018 年 1—8 月，就出动了 11 次执法行动，查封违法娱乐场所 169 间，抓获涉案人员 284 人。同时，大源村也在全村发起大范围的宣传，发动群众举报身边黑恶势力。在打击黑恶势力的同时，大源村“趁热打铁”，拆除涉案违建 6950 平方米，问责 21 人。

在扫黑除恶专项斗争中，白云区纪委监委牵头探索建立“双专班”机制，采取“四同”措施，即由区纪委监委牵头，选派优秀纪检监察干部组成“打伞”专班，与区公安分局刑侦、网警、技侦等部门组成的“涉黑案件”专班分工合作，对重点案件同步部署、同步调查、同步收网、同步审讯，集中力量突破经济职务犯罪和涉黑涉恶涉腐问题。目前，共对 7 起涉黑案件建立“双专班”机制，从严从快打掉园夏村、石马村、大源村、汉塘村、棠溪村、龙岗村、夏茅村等 7 宗以村干部为首的涉黑涉恶势力团伙，查处 58 名村社党员干部，查处太和镇原党委书记等“保护伞”。

（3）双管齐下“回头看”，防范“散乱污”死灰复燃。

面对涉水违建“散乱污”拆除难度大的困难，一方面，大源村通过镇（街）、村（居）两级和河长 App 审核、巡查、把关；另一方面，当地环保部门和河长办对已经查处过的地区进行复查，开展“回头看”，同时各部门联动进行监管，充分利用出租屋管理中心的力量及资源，摸清违规企业水电产业链，进行纵向的排查执法。

（4）源头治理与周边环境改善同步开展。

以实施乡村振兴战略为契机，大源村大力开展农村人居环境整治，推出多项水环境综合治理有效举措。一方面，通过终端分解落实各级河长制责任、规范不同排污口的设置管理；另一方面，实施全村雨污分流，从源头上解决水环境黑臭的问题。在此基础上，为破解河中水源短缺、水质难以保证的难题，广州市白云区和大源村从上游水库引流，配套建设联合新建绿道和两岸景观，分区建设污水处理厂，全面提升治污能力。

（5）借环境改善之东风，推动大源村产业升级。

环境整治好了，产业发展也随之受到带动。在原有的基础上，大源村村民委员会对电商产业提供了一定的政策扶持和资源帮助，例如，位于大源村的都瑞直播基地由旧厂房改造而成，如今已经成为网红直播带货的根据地。直播基地除了提供硬件设施，还配套以运营服务，教会大家如何直播卖货，商户可以直接“拧货开播”。未来，这座全国闻名的“淘宝村”还将加快现代产业集聚发展，升级改造 4 个电商创意园，集聚进驻 500 多家电商企业，2020 年销售额突破 1000 亿元，成为全国第一大淘宝村。政府通过政策宣传、创立创业园等引导电商产业在当地落地生根、良性发展，使当地产业得到升级，不仅使当地的生产总值得到较大提升，也减少了产业生产带来的污染。

1.3.3 实施成效

大源村黑臭河涌水质显著提升后，沿河建设的 2.6 千米绿道、文化广场、党建文化公园、文化长廊等休闲文化设施也改善了沿河人居环境，曾经的“臭水沟”变成了居民休闲的好去处，不少外地人也慕名而来，此处俨然成为一个网红大咖店，大源村村民也在身边点滴积累中收获了获得感和幸福感。现代产业加快集聚，15个电商创业园、27500多家电商企业相继进驻大源村。“区域商业中心”“文化创意和科技创新中心”“现代物流总部基地”成为描述大源村发展定位的代名词。经过整治，大源村实现“社会、经济、生态”三个效益齐头并进，被评为“全国乡村治理示范村”。大源村取得这些治理成效的背后，有着许多可复制可推广的“大源村经验”。

（1）治水拆违与环境改善、产业升级和扫黑除恶相结合。

这是大源村水环境治理的一大亮点和创新点。大源村的水环境治理的两个重头戏就是沿河拆违和治理“散乱污”，而这与扫黑除恶、产业升级是密不可分。

一是先难后易，扫黑除恶做在前。村霸恶霸是阻碍政府正规化治理的一项阻碍，如果能先把震慑力最强的案子办结，那么其他违建排查及拆除工作的进程将会更加顺利。大源村开展扫黑除恶专项斗争，打击了“村霸”团伙势力，并对其违建构筑物进行了拆除。在啃下这些硬骨头后，其他村民更加配合拆违工作，沿河景观有了很大改善。

二是产业升级带动“散乱污”企业转型。在租金抬高、成本上升、政府打击力度增强等多种因素下，“散乱污”企业得到有效遏制。大源村这种用收益更高的新兴产业“清退”“散乱污”企业的“腾笼换鸟”的治污方式，带动“散乱污”从业者转向污染更小的电商行业，以此达到了减少废水排放的目的。

三是水环境治理与人居环境整治相互促进。大源村推进水环境治理，水质改善与周边居民生活环境改善几乎是同步进行，优良的水质改善了附近的景观，为人文设施建设提供了绿水青山的必要前提。完备的设施又为居民提供了休闲、游玩的去处，让他们能切身体会到水环境治理带来的益处，从而调动起居民参与水环境治理的积极性。

（2）网格化治理的创新。

与其他地区采用兼职网格员不同，大源村认真践行网格化管理，建立“党委－支部－网格－党员”四级管理架构，雇用合同制人员担任专职网格员，并按照规定要求完成网格任务。网格员的收入不低于当地职能部门管理岗位的收入，工作积极性较高。如今在大源村一共组建 111 个网格，每个网格覆盖 70~80 栋楼房。每个网格建有支部或党小组，并划分了 212 个责任区，约 280 名本地党员和千余名流动党员按责任区履职服务。通过建立网格党员微信群，每个党员均要去网格报到，参与网格治理及服务。

1.3.4 经验启示

党的十九届五中全会提出，我国已转向高质量发展阶段。高质量发展，意味着经济发展不能以单一的冰冷数字衡量，产业转型升级迫在眉睫；意味着发展不与经济画等号，生态环保、民生保障与社会治理的进步同样是发展的要义。所谓发展，不只是宏图大业，也可以细致入微。高质量发展，见微而知著。大源村的经验表明，造成治水工作问题的原因并非是孤立单一的，而是与其他深层领域交织在一起。在工作中加强党的领导，推进水环境治理，可以联动其他领域，共同发力、相互促进，达到良性互动的效果。

专家点评

农村环境问题既是一个带有普遍性的老大难问题，也是一个深入推进乡村振兴必须着力解决的棘手难题。白云区大源村以人居环境整治行动为抓手，坚持以党的基层组织建设为统领，以社会效益、经济效益、生态效益统筹发展为引领，推进大源村社会、经济和生态多领域整治，实现了“社会、经济、生态”三个效益齐头并进，被评为“全国乡村治理示范村”，可谓实至名归。

大源村的经验，重点在五个方面：一是加强党的基层组织建设，为党建引领综合整治提供组织支撑。这就抓住了基层治理的领导力量，关键力量。只有基层党组织强大起来，才能更好地为基层治理把脉定向。二是深入开展扫黑除恶专项活动，解决乡村环境治理的源头问题。因为当地黑恶团体常常采取非法转让土地、违规出租集体物业、参与违法建设或垄断经营水电等手段阻碍社会和生态整治工作。如果不进行扫黑除恶，就无法破除环境治理问题的最大阻力。三是建立“回头看”机制，为乡村环境治理提供制度保障。如果不“回头看”，不建立长效治理机制，“散乱污”就会比较容易“死灰复燃”。四是源头治理与周边环境改善同步开展，建立环境综合治理的系统观念。环境污染问题的形成往往不是一个因素，一个环节，或者一个部门造成的，所以其治理也必须体现系统思维。大源村环境治理，不仅体现了治理过程的系统性，还体现了治理要素的系统性。五是以环境改善助推大源村产业升级，体现以人民为中心的指导思想。

无论是生态环境的改善、社会环境的净化，还是经济环境的优化升级，都是为了让大源村人民过上更加美好的日子。大源村的经验值得深入研究、提升和推广。

［陈家刚，中共广东省委党校（广东行政学院）行政学教研部主任、教授］

相关链接

访谈提纲：

（1）请介绍大源村的水环境治理基本情况。

（2）大源村实现综合治理需要有怎么样的准备条件？

（3）大源村是如何提升党建力量的支撑作用，提升基层水环境治理能力的？

（4）大源村是如何把“扫黑除恶”“散乱污治理”和“环境改善”综合在一起的？

（5）大源村在这一过程中形成了怎么样的经验做法？

拓展阅读：

广州市白云区大源村：水清岸绿　村民幸福“源”

https://mp.weixin.qq.com/s/Is4F09boEPFZJpbF212cUg

2 智治篇

ZHIZHI PIAN

推动城市管理手段、管理模式、管理理念创新，让城市运转更聪明、更智慧是当前城市发展的必然要求，数据赋能公共治理已成为国家治理能力现代化的必然趋势。“智治”是推进水环境治理能力现代化、提升水环境治理水平的重要支柱。本篇介绍了广州市工信局运用电力大数据摸排“散乱污”、广州市河长办开发“违法排水有奖举报”和增城区“1+1+1”智慧治水三个案例。“智治”篇以丰富的实践案例为如何利用大数据资源和技术手段实现水环境治理能力和治理体系现代化提供经验启示。

2.1 大数据摸排“散乱污” 技术赋能河长高效履职

加快数字中国建设，就是要适应我国发展新的历史方位，全面贯彻新发展理念，以信息化培育新动能，用新动能推动新发展，以新发展创造新辉煌。广州工信局通过与电力部门及相关企业进行合作，推出摸排“散乱污”大数据监管系统，对“散乱污”进行精准定位，极大减少了摸排工作所需的人力物力，高效推动了治水工作进度。

2.1.1 案例背景

2016 年 12 月，党中央作出全面推行河长制的重大决定。2017 年 3 月 23 日，广州市通过了《广州市全面推行河长制实施方案》（穗办〔2017〕6 号），河长制正式在广州推行。在河长制的实施过程中，随着广州治水工作的推进和河长制体系的不断完善，广州的治水工作取得不错的成绩，但广州黑臭水体整治工作依然面临任务重、时间紧的问题，而“散乱污”场所的整治工作一直是广州治水工作的关键和难点所在。为有效推进广州河涌水环境质量持续好转，自 2018 年以来，广州正视长期以来困扰广州的“散乱污”工业污染难题，加大对“散乱污”场所的整治工作力度，探索互联网 +“散乱污”治理的新模式。

“散乱污”泛指位于政府划片的工业园区外、手续不全、非法经营并污染环境的企业（场所）[3]，它们最大的共性是隐蔽性强、变化速度快。“散”是指不符合当地产业布局等规划的企业（场所），没有按要求进驻工业园区（集聚区）的规模以下企业；“乱”是指不符合国家、省或者产业政策的企业，应办而未办理规划、土地、环保、工商、质量、安全、能耗等相关审批或者登记手续的企业，违法存在于居民集中区的企业、摊点、小作坊；“污”是指依法应安装污染治理设施而未安装或污染治理设施不完备的企业（场所），不能实现稳定达标排放的企业（场所）。正由于“散乱污”场所这些共性的存在，在开展“散乱污”整治的工作进程中，广州面临不少的难题：一是人工撒网式排查，难度大、效率低。

“散乱污”企业规模小、数量多、分布零散、隐蔽性强，仅依靠原本人工手段的撒网式排查难度大、效率低。二是排查经办人难以跟踪，排查效果难以量化。“散乱污”场所违法建设生产成本低、易转移，排查结果难以实时跟踪，极易“死灰复燃”。此外，排查责任难以落实到个人。三是数据不精准，无法进行跨界对接。电力数据的采集一直相对独立，很多用户的地址、户名与政府街道掌握的情况有差异，而可靠的数据是“散乱污”场所排查工作的重要前提，数据的不精准、不可靠给“散乱污”治理工作带来了极大的麻烦。

2.1.2 主要做法

广州市工业和信息化局（以下简称广州市工信局）联合广州供电局建成“散乱污”大数据监管系统（PC 端 + 微信小程序），利用大数据信息化管理手段提高工作效率和管理水平。“散乱污”大数据监管系统以电力数据为基础，采用“数据工厂 + 政务数据”的创新模式对数据进行融合挖掘，形成了一套适用于政府的“散乱污”排查工作应用方案，实现了散乱污排查手段的新突破，让资讯上报更便捷、排查工作更有效，并通过构建适合各地方实际情况的“散乱污”数据分析模型，完善并推广“散乱污”大数据智能监管和治理平台。

（1）大数据精准排查，高效识别异常用电用户。

“散乱污”大数据监管系统基于“散乱污”企业的用电特征，通过电力数据的采集、处理、分析、挖掘，形成疑似“散乱污”场所的数据清单，利用异常用电规则与地址知识库及规则库匹配，对公安标准地址数据与地图页面关联与集成，实现“散乱污”现场地址的精确匹配、定位。工作人员通过地图便可以导航找到具体地点，查处难度大大降低，不仅降低了人力成本，也提高了督查效率。据地址管理系统项目开发团队负责人——广州供电局穗能通综合能源服务有限公司（以下简称穗能通公司）袁超介绍，要想从 580 万个数据中排查出 26 万个疑似地点，原先需要调动全广州 1 万个参与治理“散乱污”的街道工作人员每人排查 580 个场所，如今运用这套数据监管和治理系统，他们平均只需排查 26 个。

（2）工单痕迹管理，精准落实排查单位责任。

广州市工信局按照“网格化”管理思路，落实各区政府属地管理责任，以镇（街）为落实责任主体开展“散乱污”场所清理整治工作。大数据监控平台筛查出的疑似清单，由镇（街）相关负责人直接通过手机小程序“领取任务”。通过系统筛选出疑似“散乱污”场所后，负责清查治理“散乱污”的街道基层工作人员利用微信小程序，按照工作区域进行“抢单”，这些工作单全部是可溯的，街道基层工作人员核查完后，其上一层级的工作人员会进行二次核查，有效降低了关停整改企业回潮的可能，极大地巩固了“散乱污”整治成果。

（3）数据实时跟踪，做好充分风险预测。

“散乱污”大数据监管系统面向电网内部和外部用户提供资源云化、共享融合、多层次的电力时空大数据云服务，实现了企业内外部数据的服务化；通过提供自适配全终端类型的时空大数据无缝统一服务，实现了“散乱污”实时流数据的接入、展现、分析、存储、海量时空数据的综合分析及可视化应用，为“散乱污”的监管与治理提供更好的支撑。

系统提供了一个从数据到服务再到应用的大数据开放共享环境，通过构建储备电力大数据行业大数据算法模型，深化数据分析、数据挖掘、数据可视化的应用，结合客户标签实现了对“散乱污”现场的动态预测，判断出“散乱污”高敏感度、高倾向性的业务场景。此外，系统还为大数据监控提供了实时数据，优化了现有“散乱污”场所的数据建模监控，成为遏制“散乱污”场所死灰复燃的重要手段。

2.1.3 实施成效

（1）“散乱污”整治成效显著，改善人居环境。

广州市通过建章立制、大数据排查、分类整治等手段，坚持即知即改、立行立改的行动原则整治“散乱污”场所，切实回应民生关切。截至 2019 年 6 月底，前期各区政府正式上报“散乱污”场所、“三个一批”清单共计 15351 个。位于天河区东圃镇的莲溪村，曾大量分布家具加工制造工厂，一度形成了“前店后厂”的经营模式。木材、石材加工给周边环境带来了大量粉尘，村民出入都要戴口罩，粉尘随着雨水进入河涌更是污染了周边水体。从 2018 年 9 月起，广州市天河区前进街道办对莲溪村涉及家具加工制造、印刷、金属加工等 172 家“散乱污”场所实行整治，82 家石材、木材厂全部清空，仅在村内保留家具展示功能的门店，极大地改善了当地的村容村貌。

（2）依托大数据监管系统，提升排查监管实效。

依托“散乱污”大数据监管系统提供疑似“散乱污”场所的当地用电大户名单，执法人员排查工作变得更加具有针对性。2020 年，位于广州市白云区的太和镇（现已划分为大源街道、龙归街道和太和镇）面积达 220 平方千米，相当于两个半的天河区，聚集了近 60 万人口和 3 万个生产经营单位。太和镇不仅区域面积大，而且有一半是山区，这使得一些规模小、转移快的“散乱污”场所得以隐匿在民宅之中，单纯依赖人工手段进行排查任务量大、难度高。该镇从 2017 年起便实施 365 天、24 小时不间断值班，开展“地毯式”排查，而应用系统大数据监控后极大地提升了排查监管实效。位于大源街道米龙村有一家从事化工涂料生产的“散乱污”厂房被成功排查和处理，便是依靠了大数据监管系统提供的用电异常数据，并结合了执法人员现场核查与周围群众的相关投诉。

（3）搭建数据工厂，形成整治“散乱污”长效机制。

针对“散乱污”场所整治管理手段缺乏长效机制、容易死灰复燃的难题，广州市工信局协同广州供电局建成了“散乱污”大数据监管系统，整合用电等数据信息，用大数据手段对各区、镇（街）、村、工业园区的用电等情况进行统计、分析和监测。系统的建立，为排查清理整治“散乱污”场所提供了有力的研判依据。据袁超介绍，“散乱污”场所具有用电量大、用户用电负荷与普通用户不一致，以及主要集中在城中村区和工业园区等特点。广州市工信局将目标区域内抄表周期电量在 3000 度以上的用电户进行建模筛选，搭建起一个“数据工厂”，将疑似“散乱污”场所的清单提供给各区、镇（街）进行核查处理，为发现隐匿在民宅和违建当中的“散乱污”场所提供了方向。通过数据工厂的加工筛查，系统从全市 580 万个数据总量中，提取出 26 万个疑似“散乱污”场所数据[4]。

广州市工信局重点运用“散乱污”大数据监管系统梳理的名单进行排查，并实行“清单制”“台账制”“网格化”管理，摸查生产经营场所用水用电、污水排放量等数据，通过各区组织镇（街）等单位核实，排查“散乱污”场所；对已完成清理整治的场所，继续应用该系统监控其用电等情况，防止“散乱污”场所死灰复燃或转移到本市其他区域，合力形成长效监管机制。

（4）创新“散乱污”整治手段，推动政企合作。

目前，广州市对“散乱污”场所的清理整治仍在进行中，整治成果仍需进一步巩固，而应用大数据进行城市治理的思路也得到越来越多人的认可。穗能通公司通过“散乱污”大数据监管系统，与政府的政务数据应用接轨，在建模、加强数据分析能力等方面也积累了经验。近日，工业和信息化部公示了 2020 年大数据产业发展试点示范项目名单。由穗能通公司开发的“特大城市‘散乱污’大数据智能监管与治理示范性项目”成为民生大数据创新应用领域方向的 70 个上榜项目之一，也是南方电网公司唯一入选的项目。这展现了广州市电力大数据开发在广州市政府治理“散乱污”场所中所发挥的成绩，也彰显了电力大数据挖掘的价值，为电力开发的探索起到了示范作用。

2.1.4 经验启示

（1）建立用电信息重点监控名录，防止“散乱污”死灰复燃。

主管部门及供电公司以“散乱污”企业底册为基础，建立“散乱污”场所用电异常预警协查机制，定期对用电情况进行统计、分析和监测。一旦发现数据异常，就及时开展倒查核实，做到精准监控，避免了因执法资源不足而制约基层排查和清理整顿“散乱污”企业工作的情况，极大地提升了治水工作效率，而大数据平台长期化、常态化的运行也有利于防范“散乱污”企业死灰复燃。

（2）建立用电信息重点排查名录，防范“散乱污”遗漏。

动力电是生产加工的重要基础，动力电用户则是排查“散乱污”的重点。以动力电用户为基础，剔除“散乱污”及正常用户，建立重点排查名录，在排查时，发挥属地政府熟悉区域状况、供电局了解用户信息、主管部门熟知业务的优势，做到精准、及时、有效整治。相关职能部门结合现场排查情况进行分类审定，对新增“散乱污”明确整治类别，属地政府及供电局开展现场处置，做到“发现一起就整治一起”。同时将其纳入重点监控名录，进一步压缩“散乱污”的生存空间。

（3）建立疑似名录，严防“散乱污”场所新增。

部分“散乱污”企业藏身合规企业建立“厂中厂”，或是藏身民宅利用民用电开展生产，其隐蔽性更高，排查监管更难。但只要进行生产，势必会导致原有用户用电量、用电峰值急增，或是为躲避监管显著改变用电时段，这为运用电力大数据倒查“散乱污”提供了突破口。根据电力大数据，对区域内电力用户电量、用电时段、用电峰值等进行系统分析比对，根据当地实际设置异常用电报警值，建立异常电量数据模型，筛选建立疑似“散乱污”名录。通过对疑似“散乱污”名录的排查，有效防范“散乱污”场所新增。

总的来说，长期以来“散乱污”工厂无序化、屡关不停等现象极大阻碍着水环境治理工作的开展，成为水污染防治攻坚战的一块硬骨头，而广州在治水实践中，通过多方联动、信息共享，开发大数据平台，有效做到对“散乱污”工厂进行全面摸查，确保做到底数清、情况清，开展针对性整治。运用“散乱污”场所大数据监管系统，做细做好各区、镇（街）、村、工业园区的用电用水情况的统计、分析和监测，及时处置异常情况，严防“散乱污”场所死灰复燃，既推动了治水工作的进度，更巩固了水环境治理成效，实现了治理手段智能化，利用信息技术提升现代化治理能力，充分体现数据赋能的广州治水新思路。

专家点评

广州是一座依水而建、伴水而生、因水而美的城市，历来高度重视治水工作。“散乱污”场所的整治工作一直是广州治水工作的关键和难点所在，主要体现在排查难度大和易死灰复燃。广州市工信局通过与电力部门及相关企业进行合作，推出“散乱污”大数据监管系统，用数据决策、用数据管理、用数据服务，对助力河长高效履职以及提升广州治水智慧化水平起到了关键作用。

一方面，大数据平台通过互联网地图定位、工单痕迹管理、数据实时跟踪，对“散乱污”场所进行精准定位，极大减少了摸排工作所需的人力物力，高效推动了河长治水工作进度，整治成效显著，人居环境改善；另一方面，“数据工厂＋政务数据”双管齐下，实现治理手段智慧化。依托大数据监管系统，建立用电信息重点监控和排查名录，实现大数据智能分析、科学管理、实时管控，严防“散乱污”场所死灰复燃，形成了长效监管机制。

政企合作开发的大数据监管系统，有效解决了“散乱污”场所排查难度大和易死灰复燃的治理难点，既推动了治水工作的进度，更巩固了水环境治理的成效，充分体现了数据赋能的广州治水新思路，是大数据赋能基层治理现代化的又一成功经验。

（聂勇浩，中山大学信息管理学院院长助理、副教授）

相关链接

访谈提纲：

（1）请介绍一下贵单位的组织架构，有哪些处室参与水环境治理？

（2）贵单位数据库中掌握了哪些涉水数据？

（3）贵单位在哪些方面会与河长办或河涌中心产生数据共享或协作？

（4）贵单位把数据共享给河涌中心时需要哪些基础条件？怎么衡量数据可公开度的？是否形成了稳定的数据双向传递机制？

（5）贵单位在处理跨部门涉水信息交换时，与哪些部门进行交换共享？

（6）贵单位在开展数据共享时遇到什么问题？如何解决？

（7）请介绍一下具体是如何借助水、电、气等大数据来发现“散乱污”等问题的？

（8）现阶段，使用信息化手段治水的成效如何？遇到哪些问题？

（9）贵单位对未来信息化手段治水有哪些好的建议？

拓展阅读：

大数据摸排“散乱污”，技术赋能河长高效履职

https://mp.weixin.qq.com/s/Xo7NMtZogUWNJoi9OKtPzg

2.2 “违法排水有奖举报” 赋能公众参与

在水环境治理中，违法排水是最严重的污染源之一。为有效打击违法排水行为，鼓励单位和个人等“举报人”积极参与广州市黑臭水体治理工作，保障排水设施安全运行，实现水污染有效防治，提升水环境质量，广州市重拳出击，在“广州水务”微信公众号开通了“违法排水有奖举报”，开创了社会公众对违法排水行为实名制举报，官方河长、职能部门对公众举报问题及时受理、分派和奖励的“多元治水”局面。该系统上线后，一方面以其便捷度高、奖励金额大等优势激发了公众参与的热情与积极性；另一方面在产出效益上，市河长办着重宣传治水新理念、新进展，以群众上报问题为线索，成功剿灭大批“排污大户”，增强全社会对河湖管理保护的责任意识、参与意识，努力营造“市民支持、共同参与”的良好氛围。

2.2.1 案例背景

随着广州市的经济发展、城市化建设程度逐渐提高和人口规模不断增长，生产、生活和养殖污染排放量与日俱增，广州市在水污染防治中面临着黑臭反弹的风险与挑战。

河湖流域是一个整体、开放的区域生态系统。当水环境出现问题时，水质变差只是结果的呈现，背后的形成原因是多种多样的。污水管网、污水处理厂未全部建成，污水收集未实现全覆盖固然是难根治的原因，而违法排水同样是造成黑臭反弹的重要因素。而后者的处理难度更大，抓手更少。缺乏重要抓手包括了以下三部分特征：

（1）“地毯式搜查”效率低。

在河长制的全面推行中虽然做到了以强监管的方式督促河长每天巡河、取证，但由于违法排水的单位或个人众多，部分“散乱污”企业甚至藏匿于民宅之中，隐蔽性极强，单靠河长巡河的方式存在着取证难、人力资源不足、问题反馈不及时等问题，难以完全遏制违法排水。另外，违法排水行为具有时间上的不确定性，个别“散乱污”企业白天关门，夜间偷排，单靠人工查找取证的方式存在着处理效率低、问题统计难、缺乏宏观数据为决策提供有效支撑等问题。在传统河湖管理体系下，摸查违法排水户需要以“地毯式”搜索方式投入大量人力物力，收集线索再分派到各区河长办处理，这种原始的人力筛查模式难以充分满足当前治水需要。

（2）缺少统一的指挥机制与指挥系统。

在传统河湖管理体系下，职能部门对违法排水行为状况未实现统一的汇总和管理，常常是当违法排水行为引发污染事件后，违法排水才会行为暴露。而河涌、管网多为属地管理，违法排水行为常被小范围、小规模处置，持续性差，全市违法排水行为缺乏通盘掌握和全局治理，往往是“治标难治本”。

（3）协作效率低，问题上报缺乏即时性。

在传统河湖管理体系下，河长发现问题后采用文件或电话方式上报，召集相关涉水部门亲临现场对违法排水二次核查、督办，再由各部门分头解决问题。这种层层传递信息的传统工作模式不仅造成了政府部门的“反射弧”过长、处置链条冗余，还极大影响了现场调查取证的效率，执法人员现场查证时经常遭遇排污人员已经逃之夭夭的尴尬局面。

2.2.2 主要做法

在广州水系发达、河涌支流众多的情况下，依靠技术治理的单一手段难以实现监控范围的全覆盖，因此，以数据赋能公众治水参与是新时期实现水环境治理体系和治理能力现代化的必然要求。为提高公众治水参与的便捷性、激发公众参与热情、实现全民竞当水污染防治的“监督者”和“先锋者”，广州市河长办于2017年推出“违法排水有奖举报”系统。

（1）印发《广州市违法排水行为有奖举报办法》。

2017年9月27日，经市人民政府同意，广州市水务局正式印发实施

《广州市违法排水行为有奖举报办法》（穗水法规〔2017〕10 号，以下简称《办法》）。《办法》规定公民、法人或者其他组织可通过五种方式对违反相关法律法规规章规定，直接或者间接对自然水体和公共排水管网排放污水或其他污染物的行为进行实名制有奖举报。“微信公众号举报”成为除了电话（传真）举报、来信举报、电子邮件举报、来访举报外最便捷的“第三种途径”。《办法》明确了广州市河长制办公室负责受理广州市行政区域范围内违法排水行为的举报，同时可分派给相关职能部门处理，各相关职能部门依职权核实、查处市河长办移交的举报线索，并将处理结果报市河长办审核销号。

（2）建设“违法排水有奖举报”微信公众号举报平台。

根据《办法》，市民可通过关注“广州水务”微信公众号并点击“有奖举报”将违法排水的行为拍照上传，获取污染源所处的位置并加以描述，上传后推送到广州河长管理信息系统，由相关部门工作人员进行受理、判别并通知有关人员进行实地验证。有关人员在验证过程中及时报告进展供举报人查询，举报人可根据进展继续补充线索。一旦证实违法排水行为，将依据《办法》中的规定，予以举报人相应的现金奖励。

（3）完善“违法排水有奖举报”链条。

“违法排水有奖举报”平台以 7 个步骤快速完成问题处理。

1）排水行为甄别。收到举报人的举报信息后，市河长办工作人员对举报信息进行违法排水行为类别甄别，并选定协助部门。

2）举报受理交办。市河长办工作人员选定协助部门的标准是根据位置信息、举报描述、举报图片分析出责任单位归属，将举报交办给该单位，由各单位对举报信息进行查证，及时反馈查证进展。一旦核实将进入问题处理以及奖励发放阶段。

3）导出交办单。举报信息需以纸质的文档交办，因此要将举报整理成文，并打印成纸质交办单。

4）奖励处理。当举报信息被认定为有效线索后，会给予举报人相应的奖励，根据举报人提供的信息，在相应的手续完成后即可发放奖励。

5）举报查询。提供分类型、按时间段、定位举报人或手机、举报地点、举报内容等多角度、多维度全方面搜索，便于工作人员随时掌握举报信息。

6）统计分析。系统根据违法排水行为不同的类别、行政区域、协助的职能部门、时间等全方位要素对举报进行分类统计分析，形成各类统计图或报表，生成全市违法排水行为分布图，为整治违法排水行为提供辅助决策支撑。

7）对接广州河长管理信息系统。实现违法排水举报与广州河长管理信息系统对接，在用户举报时同步推送举报人信息、举报位置、内容、图片等至广州河长管理信息系统，在举报信息被受理后，通过接口同步广州河长管理信息系统事务处理流程并反馈给举报人，让举报人实时掌握举报信息处理动态。

（4）以大额奖励激发公众参与热情。

根据《办法》规定：提供违法排水行为线索，经认定为有效线索举报的，每次举报奖励 300 元；若被举报人因被举报事由被移送司法机关追究刑事责任的，奖励举报人 20 万元；若被举报人因被举报事由受到罚款类行政处罚的，按照罚款数额的 10% 奖励；被举报人未受到罚款类行政处罚但受到责令停产停业类，暂扣或吊销许可证、执照类行政决定的，奖励举报人 10000 元；被举报人因被举报事由受到前述以外的其他种类行政处罚的，奖励举报人 5000 元；另外，对举报重大排水违法行为的举报人，除给予物质奖励外，还可以给予相应的精神奖励及表彰。

2.2.3 实施成效

（1）以“有奖举报”吸纳公众广泛参与民间治水。

公众参与违法排水有奖举报是实现“智慧水城”的重要组成部分。公众是水环境治理最密切的相关者与受益者，能够及时了解排水异常状况和河涌污染源状况，因此如何利用数据赋能社会公众参与治水成了关键问题。为最大限度地发动广大群众踊跃举报违法排水行为，广州市建成高度集成耦合的信息监控体系，特设立 300 元的基础奖励，只要认定为有效举报，即给予举报人奖励，并根据核查结果对举报人分情况进一步增加奖励。发放奖励时只需举报人提供有效身份证件等材料，直接签名就可以领取奖金。通过有奖举报这一正向激励手段，公众的治水参与热情被充分点燃。据统计，2017 年 9 月 27 日至 2021 年 1 月 15 日，广州市河长办举报受理小组收到举报线索 9830 宗，向各区交办线索 9830 宗，已回复 9569 宗，查获违法排水行为 4066 宗，申请奖励 2616 宗，发放奖金 1430687.5 元[5]。公民的参与不仅践行了广州开门治水的理念，更推动着广州治水共同体的形成，营造了人人参与共建共享治水成果的良好氛围，让全民治水观念深入人心。

（2）以“移动治理”实现“人人都是守护者”。

“违法排水有奖举报”平台的使用者是社会公众，因此，打造一个使用率高、迭代速度快，具备“用户思维”的应用软件是保证公众参与的重要前提。该平台作为移动互联网时代的新生产物，必须发挥全方位动员“开门治水、人人参与”的作用，其使用对象必须涵盖各年龄段、各阶层或各学历水平。广州市推出的“违法排水有奖举报”平台，操作接近于“半自动化”，即只需要实名认证后点击定位、拍照上报、描述问题后便能完成上报，以往发现问题需要寻找到“相关部门”进行反映，如今只需要点击上传便可直接交由后台处理，用便捷化手段提高了居民参与治水的热情，同时将问题勘察处理责任更多交由河长办和各部门的后端负责，推动水环境治理工作高效有序进行。

（3）以“统一布局”实现全市违法排水治理一体化。

该平台遵循了“整体化设计”的基本思想。在系统设计之时，就强调整体规划、保证业务与管理功能协调统一的重要性。在河长管理信息系统的统筹下消除了跨部门、跨地域治理污染源的问题。在系统内部，信息采集和管理均采用统一的编程规范，包括统一的语言规范、统一的数据结构、统一的数据表达方式、统一的数据访问方式和统一的数据表现方式。在兼顾统一的整体化设计模式下，采用“模块式”的组织方式，将问题分为不同的类型，根据类型的区分交办给不同的单位或部门处理。最终在保证系统设计高度统一的基础上实现功能的分类管理。

（4）破获重大水污染案件。

“违法排水有奖举报”平台的建设并没有仅仅停留在保证公众参与的“形式”上，通过该平台，公众也向治水部门提供了有较高价值的线索，切实协助推进了水环境治理工作的进展。

杨某在广东省惠州市博罗县石湾镇经营的电镀厂因排放有毒废水被查处后，到广州市增城区石滩镇上围村租用了一间违法电镀厂，面积约 300 平方米，雇请了同案人曾某、宋某、张某等 7 人，在没有取得证照和建设环保设施的条件下生产电镀产品，并把所产生电镀废水在未经处理的情况下直接通过地下管道排出厂外。

2019 年 6 月 6 日，广州市增城区河长办接到群众在“违法排水有奖举报”平台上反映线索，称“石滩镇上塘村上围学校斜对面某电镀厂，涉嫌非法排污”。收到该线索后，属地石滩镇政府立即行动，并联合广州市生态环境局增城区分局对石滩镇上围村进行检查，发现了该电镀厂确实存在无证照经营及非法排污情况。在进行核查后，广州市增城区环境监理所工作人员立即对该无证照电镀厂围墙外排水沟进行水取样检测。广州市生态环境局增城区分局的执法人员对该厂涉案 9 人制作《询问笔录》和《现场检查记录》立案调查，根据现场检查及询问情况，宋某等 6 人涉嫌污染环境犯罪，广州市生态环境局增城区分局依法将案件移送广州市公安局增城区分局，由市公安局增城区分局对涉案嫌疑人宋某等 6 人进行刑事拘留，后抓捕该电镀厂负责人杨某。广州市生态环境局增城区分局第一时间对该厂进行查封。2020 年 5 月 26 日，广州市增城区石滩镇工作人员到现场复核，该公司已关停。目前该案已经办结，上述人员正在服刑中[6]。

而按照《办法》第六条规定，增城区河长办认为该线索符合二次兑奖，对提供线索进行举报的公众予以奖励。根据广州市治水办相关政策文件，只要认定为有效举报，即给予举报人奖励，根据核查结果对举报人分情况进一步加奖。发放奖励时只需举报人提供有效身份证件等材料，直接签名就可以领取奖金。

上述案例不仅体现了广州相关治水部门严肃查处各类水环境违法行为，对水环境污染事件“零容忍”的态度，更体现了“违法排水有奖举报”平台所发挥的实实在在的作用。

2.2.4 经验启示

自河长制推行以来，广州市在水环境治理领域取得了显著成效。然而，水环境治理工作尤其具有复杂性和长期性，若要真正实现“长治久清”，公众参与应成为官方治水力量的重要补充。广州市探索出了“违法排水有奖举报”的信息化治水路径，将社会公众力量有效整合进广州市新型河长管理体系中，构建了以政府为主导、社会组织和公众共同参与的环境治理体系，不仅直接助推水环境治理进程，更产生了极大的社会示范效应。“违法排水有奖举报”平台以其大额的奖金、便捷的操作、统一的治水统筹布局，极大地激发了公众参与热情，并最终实现公众参与从“形式参与”到“实质参与”，让公众从旁观者，变成举报违法排水的“监督者”、保护水质河流的“守护者”，最终推动广州市“开门治水、人人参与”的“全民共治”局面的形成。

专家点评

广州市水务局通过微信公众号等渠道开通的“违法排水有奖举报”系统，为公众参与监督违法排水行为探索出了一条富有特色和创新精神的可持续发展模式。违法排水存在分散性、隐蔽性和反复性等特征，监管部门很难依靠人工排查方式进行有效监管。社会公众对违法排水深恶痛绝，希望参与环境监督，但是因为害怕打击报复和举报渠道单一低效而没有动力和积极性。

广州市水务局推行的“违法排水有奖举报”系统，使民众可以便利地通过“随手拍”来“一键举报”，解决了民众投诉无门和举报成本高的问题。与此同时，高额的举报奖励和二次兑奖极大地激发了民众的参与热情。监管部门的跟进调查和及时反馈，进一步使公众参与监督的意愿增强。与此同时，及时、精准、直接和有效的举报线索，使监管部门“一抓一个准”，可以更高效地治理违法排水。

这项创新打造了污水治理的群防群治模式，广泛持久的公众参与使监管部门有了“千里眼”和“顺风耳”，可以更加及时地发现违法排水线索，使违法排水行为无所遁形。建议广东省乃至全国都应学习借鉴和推广广州市水务局的“违法排水有奖举报”系统，增强民众对生态环境的主人翁意识，使人民群众从环境保护的旁观者和单纯受益者转变为守护者和监督者，持续增强人民群众参与环境质量监督的参与感、获得感和幸福感。

（马亮，中国人民大学国家发展与战略研究院研究员、
公共管理学院教授）

相关链接

访谈提纲：

（1）“违法排水有奖举报”是怎么样的一个信息平台？背后的运营团队是怎么样的？有什么经验与成就？

（2）如何借助“违法排水有奖举报”进行监管，实现了怎么样的监督效果？是否减少了信息不对称？

（3）举报人在“违法排水有奖举报”上报问题后，怎么保证线索得以有效运用？

（4）“违法排水有奖举报”的工作机制是什么？取得什么成效？是否能通过案例说明？

拓展阅读：

“违法排水有奖举报”　鼓励公众参与

https://mp.weixin.qq.com/s/Str-HM177V7Uot6Ylz2suQ

2.3 “1+1+1”智慧治水长效机制——增城治水案例

近年来，针对河湖治理工作，广州迎难而上、精准施策，真抓实干、勇于创新，采取源头治理、河长制、智慧水务等系列措施助力水环境治理。作为水系发达、流域众多、任务繁杂的城区，广州市增城区坚持“火力全开、穷追猛打、不留死角”的治污思路，强化源头减污、源头灭污，探索深化“1+1+1”智慧治水长效机制，发挥“河涌众采”微信小程序政民联动的作用，利用“大墩达标”App 促进跨部门协同，使用“广州河长”App 压实各级河长职责，利用新型技术手段线上、线下联动，持续推动源头减污由“水”向“岸”延伸。这些措施为加快打赢水污染防治攻坚战、解决老城区水污染问题探索出一系列具有借鉴推广意义的有益经验。

2.3.1 案例背景

广州市增城区境内水系发达，河宽 5 米以上的河涌有 207 条，河涌总长约 926 千米，流域面积达 1600 多平方千米。近年来，随着城市化进程加快、人口增长，工业、农业和生活用水量急剧增加，水污染也日益严重。为加快打赢水污染防治攻坚战，增城区以国考大墩断面、增江口断面水质达标为重点，举全区之力，力求通过综合治理、系统治理使水环境质量明显好转。一个地方、一个企业，要突破发展瓶颈、解决深层次矛盾和问题，根本出路在于创新，关键要素在于科技。为广泛凝聚社会共识和汇聚强大治水行动力量参与水污染防治攻坚战，增城区坚持贯彻“火力全开、穷追猛打、不留死角”的治污思路，紧盯清除涉水污染源的目标，探索深化“1+1+1”智慧治水长效机制，持续推动源头减污由“水”向“岸”延伸；运用“广州河长”App、“河涌众采”微信小程序和“大墩达标”App 三个平台，发挥好各级河长及网格员、人民群众、事业单位干部职工等各方力量作用，及时发现、上报涉水污染源。增城区通过强化各部门、各方力量协作，打了一场声势浩大的水污染防治攻坚战。

2.3.2 主要做法

（1）“河涌众采”微信小程序实现政民联动。

水环境污染，问题在水里，根源在岸上。如何全面、精准地把岸上的各类涉水污染源找出来加以整治，实现源头减污、源头灭污，是水污染防治攻坚战的一大难题。增城区发动全区党员干部职工及人民群众共同查找涉水污染源，通过“河涌众采”小程序平台上报各类涉水问题。

因为发动的人群并非专业工作人员，所以开发的平台一定要简洁、易懂、易操作。根据这个理念，增城区将平台开发建设任务交给了增城区城乡规划与测绘地理信息研究院。早在 2016 年，增城区城乡规划与测绘地理信息研究院就提出了“众采”概念，当时是为解决“四标四实”采集数据低效的问题，于 2017 年开始使用“众包”模式，变革传统的数据采集模式并自主研发“移动众采”平台，使用效果反馈良好。因此，增城区城乡规划与测绘地理信息研究院结合“巡河”相关工作要求，迅速开发推出“河涌众采”微信小程序。在充分考虑社会公众、政府部门和数据媒介等对象的特点后，众采平台的构建设立众采 C 端（公众采集端）、众采 G 端（政府处理端）和数据管理系统三个处理端。

首先，众采 C 端开放给社会公众使用。用户通过在微信小程序搜索众采名称“河涌众采 C 端”，输入用户名和电话注册登录使用。登录后，用户按要求上报位置、时间、问题描述和现场图片等信息便可完成线索问题采集，有效打破了社会公众使用的地域、时间等限制，他们可以随时、随地利用手机拍照上传线索问题，只需按政府的标准模板提交信息便可完成问题上报任务，这极大地提高了公众采集涉水污染问题的灵活性，不仅解决了政府对多源数据采集的需求，而且有效降低了数据采集成本，提高了数据采集效率和质量（见图 2.3-1）。

其次，众采 G 端提供给政府部门使用。政府部门只需拆解公众上报的问题、发布相关任务、订立任务销号标准等，不需要提供传统模式下的工作平台、工作工具、人力资源管理等资源，节约了大量成本；河长办在信息平台的赋能下可以

图 2.3-1　众采 C 端操作流程

统一调度人力、技术资源解决群众上报的问题。具体而言，在群众上报问题后，系统迅速将上报的问题分配给属地河长办，属地河长办对问题进行人工筛查过滤后根据权限把任务分配给具体的执行人员；执行人员可以根据准确的定位信息迅速赶到现场处理问题并拍照上传处理结果。

最后，数据管理系统集中记录和监测众采 C 端、众采 G 端。公众通过众采 C 端上报问题，政府部门使用众采 G 端处理并反馈至问题上报人，形成“社会公众随手拍照，政府部门响应整改”的“众采模式”（见图 2.3-2）。

“众采模式”提高了政府采集数据的准确性和时效性，提高了政府靶向治理、精准治污的效率，将政府的主张变成群众的自觉行动，实现了问题数据从群众中来、治理成效到群众中去，形成 “自下而上、政民联动”的共建共治共享模式。

依托“河涌众采”微信小程序，增城区开展了“党建引领 万人巡河”活动（见图 2.3-3），也多次在图书馆、商业广场、大型社区等宣传推广、发动群众。截至 2020 年 12 月 31 日，“河涌众采”已累计注册志愿者 7815 名，治河人员 24

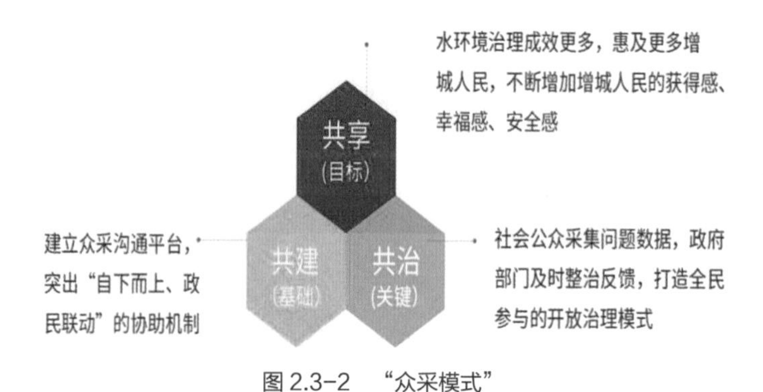

图 2.3-2 “众采模式”

图 2.3-3 “党建引领 万人巡河”活动现场

名，共上报涉污水体、涉水违建、畜禽养殖、涉污排水口、垃圾黑点等河涌环境问题信息 12860 条，其中有效涉水污染源问题 6748 个，已完成整改 6200 个。

（2）“大墩达标”App 促进跨部门协同。

东江北干流增城段长约 30 千米，与东莞隔江相望，上游为广州增城、东莞、惠州交界的石龙断面，下游为广州市黄埔区。由于地势北高南低，增城区绝大多数河涌属东江北干流流域，可以说，设在东江北干流的国考大墩断面水质就是增城水环境质量的“晴雨表”，因此增城区的水环境整治主要是围绕大墩断面水质达标工作开展。

水环境治理是一个系统工作，牵涉方方面面，尤其是涉及各个镇（街）和职能部门，如何使各级领导干部及工作人员及时掌握各项治水工作信息，从而进行科学调度和统筹，促进跨部门协同是一个需要着重解决的问题。显然，传统的手段已经满足不了工作的需要。为了解决这一个问题，增城区围绕国考大墩断面达标工作，2019年委托第三方开发建设了多功能、宽领域、立体化的数据平台——“大墩达标”系统。“大墩达标”系统是实现大墩断面国考达标的重要载体，其面向水务、环保、生态与城管等涉水主要部门及一线镇（街）单位，通过开发资讯发布、信息预警、数据监测、视频监控、工作调度等功能，督促相关镇（街）和部门履职尽责，实现了增城区国考断面达标相关职能部门的数据联通共享和掌上治水信息化，打造出全覆盖一体化治水模式。截至 2020 年 12 月，“大墩达标”系统共发布信息、数据等 4000 多条，其与“广州河长”App、“增城河长”微信公众号和“河涌众采”微信小程序三个平台一同构成了增城区智慧治水体系的技术支柱，助力增城区凝聚起“源头减污、挂图作战”的广泛社会共识和强大行动力量，为推动东江北干流大墩国考断面水质稳定达标奠定了坚实基础（见图 2.3-4）。

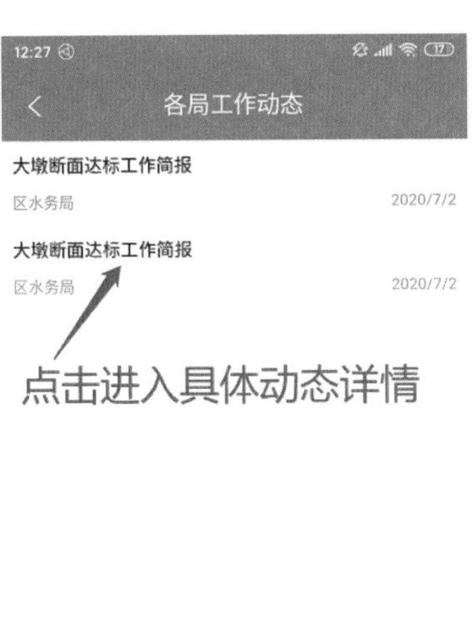

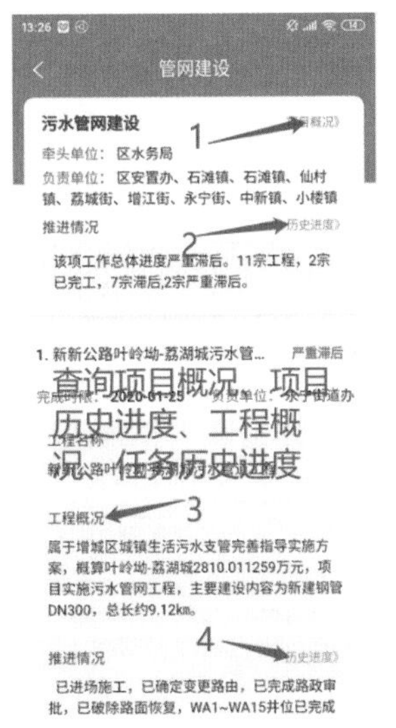

图 2.3-4 “大墩达标”系统界面

（3）“广州河长”App 压实各级河长职责。

广州市增城区在开展水环境综合治理的过程中取得显著的成果，“广州河长”App 的运用在其中发挥了重要的作用。2018 年底，增城吹响了“源头减污、挂图作战”行动号角[7]。各网格员、网格长积极通过“广州河长”App 上报各类涉水污染源；各级河长在巡河的过程中，发现问题后进行拍照、定位并发布在“广州河长”App 上；同时，“广州河长”App 也让市民参与治水工作更加便利，市民可以通过微信投诉的渠道发布问题，最终汇集于“广州河长”App 信息平台。河长签到、巡河轨迹都能够实时记录、上传；问题上报后在平台进行流转、查询；河湖信息、水质信息等水环境相关新闻动态得以发布、公示。“广州河长”App 的广泛使用推动了治理工作实现机制化、规范化、长效化[8]，平台“全流程留痕监督”提高了增城区治水办公的效率。截至 2020 年 12 月 31 日，增城各级河长、网格员累计上报污染源 29721 宗，占全市总上报量的 35%，已整治销号 29721 宗，整治率达到 100%，整治数量及力度在广州各区排在前列。

2020 年 2 月 26 日，广州市白云湖水利工程管理中心在“广州河长”App 上报告增城区的鸡心岭水库存在排水设施损坏的问题，在收到问题上报后，问题信息在平台上快速流转，广州市河长办作为首个受理部门及时下达任务，要求增城区河长办跟进，增城区河长办又迅速要求增城区荔城街道河长办处理问题，增城区荔城街水利管理所快速收到指令，于 2 月 27 日修复好排水设施。问题信息在平台间高效流转，排水设施损坏的问题在短短的一天中完成了上报、流转与解决，“广州河长”App 在治水工作的高效推进上起了关键作用。

2.3.3 实施成效

（1）“自下而上，政民联动”治理模式提高社会参与度。

广州市增城区在水环境治理中，从使用“河涌众采”的微信小程序到使用“大墩达标”App、“广州河长”App，都注重纳入民众的力量。在过去水环境治理过程中，传统的数据采集工作往往是由政府或者企业依靠外包或企业人力来进行调查采集，但这样的数据采集模式有着成本高、效率低、数据少、质量参差不齐等弊病[9]。如今，增城区改变传统数据采集模式，创新“互联网 +”模式，发挥地理信息数据优势，研发构建了基于增城人居环境的众采平台，使得人人皆可成为河长，人人皆可发现问题、上报问题。这种“自下而上，政民联动”的治理模式，提高了社会公众参与水环境治理的积极性，推动共建共享社会治理局面的形成；问题数据从群众中来，最终的治理成效也回馈到群众中去。

广州市增城区河长办污控组副组长宋伟科表示[10]：“增城大大小小河涌遍布，治水工作仅仅依靠水务部门是难以实现全覆盖的，唯有广泛发动社会各界共同参与，让大家都来做河湖无死角的‘360 卫士’，才能把一些藏在死角的污染问题找出来、整治好，真正实现守护城市碧波的目标。”根据这一理念开发的“河涌众采”微信小程序及数管系统还被评为全国 2020 年测绘地理信息自主创新产品。

（2）平台技术赋能信息高效流转。

一方面，从群众中得到的问题与信息更体现真实的细节，同时兼具有效性与真实性。“河涌众采”微信小程序与“广州河长”App 都支持民众发现河涌污染问题，通过微信平台上传图片，描述、上报问题。众采 C 端开放给社会公众使用；“广州河长”App 支持公众通过微信公众号提交问题。公众使用平台的限制较小，只需按要求提交信息即可，极大地提高了公众信息采集的效率，满足了政府对多源数据采集的需求，既促进水环境综合整治落到细节之处，又提高了政府采集数据的准确性和时效性。

另一方面，平台技术促进问题高效流转与解决。河涌众采移动平台上构架了三大工作端，分别是众采 C 端（公众采集端）、众采 G 端（政府处理端）、数据管理系统。三大工作端实现畅通无阻的问题处理流程：众采 C 端收集的线索问题，交给众采 G 端整治处理，并由数据管理系统对线索问题的处理情况进行监控和审核。“广州河长”App 在收到问题上报后，便在平台上流转，直到问题被解决并复核完成后才最终销号。从收集问题、处理问题、监控问题到审核确

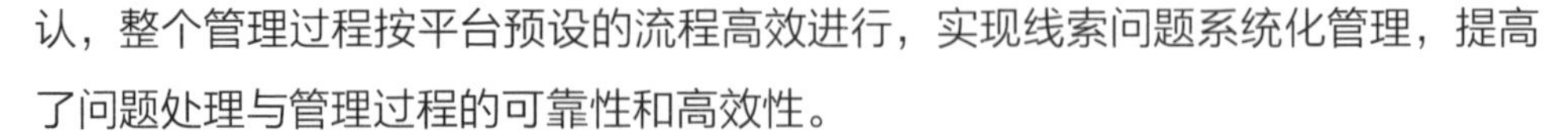

认，整个管理过程按平台预设的流程高效进行，实现线索问题系统化管理，提高了问题处理与管理过程的可靠性和高效性。

（3）问题发现倒逼整改落实，治水监督得到强化。

技术平台实现治水信息的公开透明和全过程留痕管理，让上级部门能够实时了解相关部门治水动态，从而跟进治水进度，进行督察考核。数据赋能为常态化跟踪与后续跟进解决、处理提供了条件。以“广州河长”App为例，问题发现、上报后便进行流转，若问题迟迟未得到解决，相关部门则会面临被问责的风险；在这种压力下，问题发现倒逼整改落实便成为可能。在平台上，上级部门对下级部门的监督考核可以根据部门流转意见、最终办结时间等多方面指标进行，利用大数据推动考核工作高效展开。此外，在处理超期问题上，系统每日会提供相关信息资料给广州市河长办，再通过各区河长办群进行通报，推动各区有效处理治水难题，倒逼治水任务及时完成。由此可见，问题的发现加上系统全过程留痕的特点，不仅促进问题高效解决，还强化了考核监督工作。

2.3.4 经验启示

水环境治理是一场只许胜、不许败的战役。虽然广州市增城区水环境历史欠账多、短板较多，但增城区党委、政府主动担当、迎难而上，从政府治水到全民参与，增城区创新治水模式，以打一场水污染防治攻坚战人民战争为理念，统筹多个部门强化协作，调动各方人员力量参与，采用新型技术手段辅助治水工作的开展，运用“三个平台”实现智慧治水，为全区破解“源头减污”这一难题找到了突破口，持续改善全区水生态环境，在一系列行动中，增城区营造了良好的治水氛围，真正实现了河湖长制“有名”“有实”。

专家点评

“十四五”期间，中国要高质量发展的关键指标是生态环境质量的大幅度提升。一手抓经济发展，一手要青山绿水。环境治理特别是水治理的外部性和多元主体责任的冲突，使得水治理成为世界难题。水治理的外部性突出表现在水治理的收益和成本分布的不对称。河流流域民众是水污染的受害者，但是由于涉及面大，水污染的识别、发现和鉴定成本高，参与水污染治理的成本很高，个人参与水治理需要承担很高的成本。尽管政府有责任治理污染，但是由于河流流经多地域且由多职能部门共同管辖，集体行动的困境也很难解决。尽管河长制的设立在一定程度上明确了河流治理的责任，但是不解决河流治理的瓶颈，河长制也很容易流于空谈。广州市增城区境内水系发达，水环境治理压力很大。增城区深化探索“1+1+1”智慧治水长效机制，通过科技赋能，创造性地使用和整合“广州河长”App、“河涌众采”微信小程序和“大墩达标”App 三个平台，解决了河流治理的大难题。

这其中，“河涌众采”微信小程序充分发动全区党员干部职工及人民群众共同查找涉水污染源，通过小程序上报各类污染源，成功地降低了公民参与水治理的机会成本。尽管发达国家（如新加坡）也有类似的手机程序让民众报告污染现象，但是这类程序一般只是让民众将看到的信息拍照上传。“河涌众采”成功地解决了公众专业知识不足的障碍，开发的平台简洁、易懂、易操作，成功地提高了数据采集效率和质量。“河涌众采”的数据管理系统和政府处理端，让公民参与的信息迅速进入属地治理的议程，公民所反映的水污染问题迅速得到解决。公民参与不再是摆设，大大提高群众参与水治理的积极性。增城区的“大墩达标”多功能宽领域立体化数据平台低成本高效解决了条块分割，协调治水难的制度难题，和其他数据平台无缝连接和协作，将公民参与、河长负责、部门联动完美地结合在一起。

增城区技术赋能智慧河长制解决了水治理长期存在的技术障碍，制度障碍和公民参与的障碍，做实了“河长制”，形成了长效河流治理机制，不仅在全国是领先，值得大面积推广，增城区的“河涌众采”平台更具有世界先进水平，建议申报联合国“公共服务奖”。

（于文轩，厦门大学公共政策研究院教授）

相关链接

访谈提纲：

（1）请简单介绍一下广州市增城区的具体实践案例。

（2）广州市增城区在治水方面具有哪些突出亮点？

（3）“河涌众采”微信小程序是如何在公众方面推广应用的？

（4）“大墩达标”App具有怎么样的特点？能够完成怎么样的任务？

（5）最终如何打造“1+1+1”智慧治水长效机制？

拓展阅读：

“智慧治水”！增城这个产品入选全国榜单

https://mp.weixin.qq.com/s/qnS8ndIEN_We85dwmCl6nA

国家级创新！“河涌众采”助力增城“智慧治水”，您也参与进来！

https://mp.weixin.qq.com/s/FvUst8eSA0NcbCtNyq6BAA

3 共治篇

GONGZHI PIAN

社会治理是国家治理的重要领域，社会治理现代化是国家治理体系和治理能力现代化的题中应有之义。“共治”是巩固水环境治理成效、实现河流“长制久清”的重要保障。本篇介绍了开发“民间小河长”课程体系、提升小学生护水意识的广州市荔湾区汇龙小学；创新课程模式、培育大学生护水意识的“广州市绿点公益环保促进会”；开发“流域共治——可持续发展教育桌游”、提升公众护水兴趣的“青城环境文化发展中心”；构建民间河长培训体系、提升民间河长能力的“新生活环保促进会”。最终在多元参与下完善“党委领导、政府负责、社会协同、公众参与、科技支撑”的治水新格局。

3.1 探索水环境治理课程化路径——汇龙小学研学式治水育河更育人

在“绿水青山就是金山银山”的理念指引下，爱水护水已经成为社会共识，而从“政府治水”转向“社会治水”，需要公众的广泛参与。校园正是有效推动社会参与的教育阵地。广州市荔湾区汇龙小学首创城市水环境治理课程新样态，推动河长制进校园、进课堂，鼓励学生争当民间小河长，在培养学生成为河长式公民的尝试中，既提高了学生的动手能力与环保意识，又培育了其社会责任感，有效营造了广州共建共治共享的治水氛围。

3.1.1 案例背景

党的十八大以来，水环境治理被提到国家战略高度。2016 年，中共中央办公厅、国务院办公厅印发的《关于全面推行河长制的意见》（厅字〔2016〕42 号）提出“加强社会监督，拓展公众参与渠道”。目前，全国绝大多数省份开展了民间河长活动，形成丰富多样的地方模式，民间河长以志愿者、企业河长、“河道督察长”等不同身份形式开展治水工作。在不同样态的民间河长实践中，广州率先涌现了这样一股新生力量，他们就是广州市荔湾区汇龙小学的民间小河长们。基于学校位于河涌旁的极佳地理优势，2018 年 7 月，汇龙小学校长梁丽珠申请担任驷马涌民间河长，并向荔湾区河长办建言让学生一同参与治水，由此，在荔湾区诞生了十四位全国首批民间小河长，广州市政协副主席、荔湾区区长亲自为他们颁发聘书。在相关政府部门、社区、民间团体和全体师生的支持下，汇龙小学依循可持续发展教育目标，从城市水环境治理可持续发展的战略高度，开展五年级拓展性必修课程《学校门前的驷马涌》实践，首创“以课程化推动城市水环境治理可持续发展”的做法。汇龙小学师生成为广州古老河道驷马涌从昔日“臭水沟”到河畅水清的见证者和重要参与者。

3.1.2 主要做法

治水、护水是长期行动，开展河长制进校园有利于推动水环境治理常态化发展，汇龙小学通过引导学生对校门口的河流进行走巡调查、水质监测、社区宣传、开展创客行动等方式，在护水爱水的氛围营造中，播撒治水种子，培养学生成为河长式公民（见图 3.1-1）。

图 3.1-1　汇龙小学小河长开展社区宣传活动

（1）情境性教学探索——治水成学生必修课。

汇龙小学梁校长发挥其作为驷马涌民间河长的身份优势，开创了城市水环境治理课程化的全国先河，也带动学生为驷马涌的治理作出了积极的贡献。学校与荔湾区农业农村和水务局合作，设计适合小学生的课程内容，为校内的小河长进行“岗前培训”。通过带小河长们外出考察了解水环境的现状以及引导学生绘制环境地图、作调查问卷等方式，让他们逐步了解身边的河流以及广州市内河流的治理现状（见图 3.1-2）。通过运用“五育融合”的情景式教学模式，汇龙小学将小河长行动与学校的德育活动、特色项目和课程建设整合，坚持让学生发挥更大的主体作用，让学生在具体情境下经历解决问题的主动探究过程。例如，在为驷马涌定制一幅环境地图这一综合实践课上，孩子们分成 4 个小组，按照排水口调查、河道垃圾调查等不同主题，为学校门前的古老河涌绘制地图并提出解决方案。学校整合了包括学校、社区、民间团体、政府部门、专家团队在内的课程资源，启动城市水环境协同治理的课程化实践，并把《学校门前的驷马涌》确定为汇龙小学五年级必修课，目前，已完成三届学生各 20 多次社会实践的课程化尝试。

图 3.1-2　民间小河长测水质

（2）传统文化与现代科技融合——实践创新助力治水。

除了赋予学生民间小河长的身份外，在推动学生深度参与治水上，汇龙小学更鼓励学生动手探究。为充分调动学生积极性，汇龙小学立足“五育融合”，在研学式治水中渗透德育、智育、体育、美育、劳育，既将课程学习与传统文化传承结合，开展以驷马涌治理为主题的广绣、广彩作品创作活动，又让孩子们主动研学，把课程所学转化为创客行动，创作了以驷马涌治理为主题的作品，如创意搭建“河道垃圾智能处理中心”、“河岸落叶智能处理中心”、“河涌景观监测摩天轮”、“水质监测旋转飞椅”、3D 建模的创客作品和发明创造实体作品“新型捕捞船”等。传统文化与现代科技的结合，既锻炼了学生的动手能力，又让学生在“做中学”，环境保护、文化传承的意识由此进入学生心中。通过引领一批又一批民间小河长在课程研修的过程中深度参与治水护河，同时借助特色项目的比赛、展示等活动，汇龙小学进一步加大了水环境治理的宣传力度，使之深刻地融入青少年的学习生活当中。梁校长在一次采访中说道：“直接告诉学生答案只需三分钟，但我更想做的是让他们学会自己去探究。研究之后，他们会慢慢了解为何在拥有成熟的治水技术下，驷马涌的治理仍不能有立竿见影的效果，得出不同的水环境需要有不同治理方案的结论。这也是他们逐步成长的过程。”

（3）亲子巡河活动——“小手拉大手”齐治水。

推动学生积极参与水环境治理，其作用不仅在学生本身技能和责任感的培育上，更重要的是，一个孩子可以带动背后的家庭，联动家人朋友共同护水。正因为有亲子巡河活动的开展，即使在假期期间，汇龙小学的民间小河长也能继续开展巡河护河的行动。

自 2019 年 2 月始，梁丽珠校长通过《致家长的一封信》，发动四至六年级的学生及家长开展假期亲子巡河活动，通过“小手拉大手”的治水行动，汇龙小学协同治水的足迹遍及全国各地，至今，已有三百多个家庭参与其中，形成了三百多份亲子巡河记录。与孩子一起巡河调研的活动，也勾起很多父母长辈对记忆中河流的印象，为孩子讲述了更多的河流故事。如今，亲子巡河已经成为汇龙小学的假期实践活动传统项目，影响并带动了更多的家庭关注水资源保护、水环境治理，关注生态文明建设。

3.1.3 实施成效

（1）播种环保理念，推动治水参与可持续化发展。

汇龙小学利用开门见河的天然优势，通过推广民间小河长的参与模式，以课程化的方式为一批批小河长的更替、为学生的社会参与提供了常态化的发展路径。

在汇龙小学的实践中，民间小河长不是一种形式，更不是一个名头，梁丽珠校长开创性地设置了小河长导师、小河长、预备小河长三个层面的岗位，使得治水参与发展为全校关注、全员参与的可持续实践探究行动。至今，汇龙小学已培育两批小河长、两批预备小河长、一批小河长导师共 70 多名“持证上岗”的协同治水小志愿者，引起了政府及媒体的积极关注。他们的故事，更被梁丽珠校长创编成情景剧，在广州市第六届城市治理榜发布会上展演，成为广州治水的一大亮点。在课程化进程中深化可持续发展教育，汇龙小学引导学生在具体学习情境中关注身边环境，解决实际问题，为学生播种了环保的种子，更提高了他们可持续发展的素养。

（2）探索课程新样态，“育河”更“育人”。

汇龙小学的实践，将课程探究学习活动与驷马涌治理保育一一对应，通过引入民间河长与环保组织的专业资源，将“水主题”内容与学科、社区、科创等元素有机整合起来，引导学生深入学习水环境治理知识，使其了解河涌问题所在，同时鼓励其提出问题，切实寻求河涌问题的解决方法，助力学生成长为合格的河长式公民。同时，在开展如绘制环境地图等的相关活动中，融合科学的水域考察、环境与人、简单电路，美术的画面构图、合理分布和色彩搭配、各种材料运用，数学的百分数统计、地图的比例尺计算，以及语文的编写调查报告等多个学科的知识技能进行设计创作，形成运用多学科融合的方法解决综合性问题的能力，提升学生综合能力及素质，更培育其关爱社会、具有家国情怀的责任意识（见图 3.1-3）。汇龙小学的治水课程化实践，不仅为河涌保育作出实际贡献，更营造了良好的育人环境。

（3）提升学生责任感，带动社区齐参与。

驷马涌环境的改善，得益于汇龙小学师生的共同努力。通过民间小河长的实践，如日常巡河、给周边居民发放问卷、向街坊们宣传治水工作等，让学生感受到与所处社区更密切的联系。当路过的居民出现往河涌里扔垃圾的举动时，反应机敏的小河长会立刻上前告知保护河涌的重要性，有效制止破坏水环境的行为。

图 3.1-3 汇龙小学小河长开展“为驷马涌定制一幅环境地图”创客活动

而在治水参与过程中，学生们的社会责任感同样得到了极大的提升，有的小河长更是在接受采访时自觉发出“一日小河长，终生做河长！”的宣言，其所体现的责任与热情无不令人动容。而孩子们个体的行动辐射开来，也吸引并带动了更多的家庭与社区居民共同参与治水。2019 年 5 月，梁丽珠校长亲自撰写脚本，策划录制了以驷马涌为主场景的《我和我的祖国，我和绿水青山》主题快闪视频，全校师生及上百家长、社区、民间志愿者代表参演其中，以独特的方式提前向中华人民共和国成立七十周年献礼。这个视频一经发布便引起了社会的热烈反响，其中所展现的社区支持与认可水环境治理的氛围，更是打动了无数人，协同治水的理念，从每一个学生传递到每一个家庭，进而成为社区居民内心都认同并予以维护的生态文明价值观。

3.1.4 经验启示

“舟行碧波上，课授幽林中。学达民生事，习通风雨声。”这是汇龙小学校长梁丽珠为民间小河长行动所概括的教育生态，通过开展一系列以民间小河长为主的治水护河行动，汇龙小学这一群热情有活力的民间小河长温暖并感染着众多官方河长、民间河长。经过学习治水、参与治水这一场不同寻常的历练，学生们更加关注社会环境，热心公益，收获了最为独特的课程以及人生体验。汇龙小学水环境治理课程化路径的成功探索，得益于汇龙小学师生的共同努力，更体现了荔湾区河长办积极落实广州开门治水理念、搭建治水参与平台、平等对待每一位热心水环境治理的公民的举措，也为广州市努力构建一个人人有责、人人尽责、人人享有的社会治理共同体写下了最好的注脚。

专家点评

水环境治理既是为了群众，也要依靠群众。但是，目前公众参与治水的积极性、主动性以及有效性均有待加强。如何从“政府治水”转向“社会治水”，校园是推动全社会参与的重要阵地。广州市荔湾区汇龙小学在政府部门、社区、民间团体、学校领导和全体师生的努力下，通过把环保教育纳入小学课程，探索了一条“以课程化推动城市水环境治理可持续发展”的特色路径。汇龙小学利用学校位于河涌旁的地理优势，引导学生及家长门对校门口的河流进行巡河护河，极大地提高了学生和家长的环保意识，最终把昔日的“臭水沟”——驷马涌——变成了河畅水清的“清水河”。

汇龙小学校长利用其作为民间河长的优势，积极与广州市荔湾区农业农村和水务局合作，专门设计了适合小学生的情景课程。在实践课上，引导小河长们绘制地图、制作问卷，根据排水口调查、河道垃圾等不同主题进行有针对性的调查，真正深入了解河流的现状及治理情况，把“治水”变成了孩子们的必修课。汇龙小学经常举办以“驷马涌治理”为主题的文化创意特色活动，并将活动真正融入学生们的学习生活中。此外，汇龙小学还发动学生家长共同参与假期亲子巡河活动，让更多家庭关注水资源保护和生态文明建设。这些创新举措既强化了青少年在治水中的主人翁意识和社会责任感，也锻炼了其动手能力和护水治水能力，有效营造了全社会护水爱水的氛围。

汇龙小学在推动河长制进校园、进课堂，鼓励学生争当民间小河长，培养学生成为河长接班人等方面进行了有效的创新和尝试，为提升公众参与水环境治理、构建共建共治共享的治水新模式提供了重要的经验，其创新做法可为广东省乃至全国其他地区效仿和学习借鉴。

（胡春艳，中南大学公共管理学院教授）

相关链接

访谈提纲：

（1）请介绍一下汇龙小学的基本情况。

（2）探索针对小学生的水环境治理课程是出于怎么样的考虑？经历了怎么样的过程？

（3）汇龙小学在探索民间小河长教育项目时，是否有相关经验？

（4）汇龙小学是否打算进一步面向全市推广针对小学的水环境治理课程？

（5）汇龙小学在推行“研学式”民间小河长课程时，具有怎么样的成效？

拓展阅读：

汇龙小学小河长——守护学校门前一条河

https://mp.weixin.qq.com/s/F9XYYg5nP6IyYbpEEq51vQ

3.2 “绿点”培育青年治水力量 提升志愿服务内涵

广州市绿点公益环保促进会（以下简称“绿点”）作为广州本土组织，以青年学生为核心服务对象，一直坚持用温和的教育实践改变青年环保意识，通过培育学生队伍、提供研学机会、开展志愿服务等多种方式，推动青年乃至社会公众树立可持续发展观念，积极参与环保行动，走出了一条从社团到社群、从扁平到立体、从被动到主动的发展道路。

3.2.1 案例背景

2019 年 7 月 23 日，中央领导在祝贺中国志愿服务联合会第二届会员代表大会召开的致信中提到，希望广大志愿者、志愿服务组织、志愿服务工作者立足新时代、展现新作为。青年时代树立正确的理想、坚定的信念十分紧要，不仅要树立，而且要在心中扎根，一辈子都能坚持为之奋斗。这样的有志青年，正是党、国家、人民所需要的人才。新时代背景下的志愿服务活动正面临新的使命和新的挑战，在从单一的“政府治水”转向“社会治水”的背景下，如何发动最具创造精神和活力的青少年群体广泛投身志愿服务，如何提升青少年爱水护水的意识，绿点用其行动给出了答案。针对在治水领域实施的志愿服务存在缺乏针对性指引、青年力量未能被广泛调动、青年参与度不深等问题，绿点坚持推进水环境治理议题入校园，通过开展绿豆丁爱地球环境教育项目、高校水联合行动项目等，为青年学生的治水志愿参与链接资源、提供培训，提高了青年志愿者参与服务活动的积极性和持久性，相关志愿服务活动得到社会各界人士的充分认可。

3.2.2 主要做法

通过开展环保进校园活动，推动校园志愿服务队伍参与水环境治理。在绿点的带领组织下，治水志愿服务领域不断地涌现青少年的力量，中小学生水环境保护意识不断提升，高校志愿服务队伍更是在治水志愿中展现了应有的专业素质和责任担当，对于社会事务表现出了足够的关切，并身体力行加以实践。以下为绿点在水环境保护议题上的具体行动。

（1）推动治水议题进校园——绿豆丁爱地球环境教育项目。

绿豆丁爱地球环境教育项目创立于 2008 年，旨在通过培养具备环境科学素养、教学技能的大学生讲师在校园持续地开展环境教育，为“绿豆丁”（中小学生）提供持续的、专业的、丰富的（已有七大内容、30 个主题）环境教育课堂，让小学生了解人与环境的关系，并联动家长一起实践环保行动（见图 3.2-1）。

图 3.2-1　同学们认真记录河流信息

在该项目的开展过程中，绿点通过创新性的手法链接市级、区级生态环境局、教育局、高等院校、小学、环保及教育专业机构、媒体及企业等各方社会资源及力量，探索满足广州市小学生及其家长乃至其他市民志愿服务需求的路径（见图 3.2-2）。

绿豆丁爱地球环境教育项目运营至今已有 12 年的历史，通过由机构自主研发、整合符合本地环境的专业课件，结合常规课堂、游戏历奇教育、戏剧教育、视频教学等多种教育手法（见图 3.2-3），项目已在广州市 170 所中小学开展，覆盖全省 4.5 万小学生，联动 80 多个高校社团，每年超过 1000 名大学生志愿者参与其中。其项目模式及标准化课件，教具等已复制到广东省中山、佛山等城市，共

图 3.2-2　广州市猎德涌的官方河长、民间河长及民间小河长三方对话和分享

培育志愿者讲师人数 6640 人（2008—2019 年），接受绿点的环境教育科普小学生达 21608 人次，开展了 593 小时环境教育课堂活动（2019 年广州市区）。

图 3.2-3　节水游戏，让学生体验珍惜水资源

由于形式新颖、内容丰富，项目得到社会各界广泛认可，更屡获殊荣。该项目曾获中国生态环境部、中华环境保护基金会、中国扶贫基金会、联合国环境规划署等联合颁发的第二届“迈向生态文明，向环保先锋致敬”奖项，共青团中央、中央文明办、民政部等联合颁发的第五届中国青年志愿服务项目大赛银奖，“2019益苗计划”省级示范项目，广东省生态环境厅颁发的2020年广东省生态环境公众参与十佳案例等荣誉。

（2）培育青年治水力量——高校水联合行动项目。

在推动水环境教育项目进校园的过程中，绿点敏锐地捕捉到大学生这一关键群体。大学生正经历从学校走向社会的过渡阶段，除接受高等教育外，社会责任感的培育更是不可忽视。然而现实中，大学生在自主开展志愿服务中也会存在如缺乏环境教育技能、缺乏可持续依托的平台、找不到合适议题切入等困难。针对这一问题，早在2014年，绿点就发起了关注农村环境问题的“点绿家乡”项目、“珠江流域（广东境内）水环境观察调查”项目以及“我为地标测水”项目，共召集七支大学生团队（53人）参与调查和水环境检测（见图3.2-4）。在专业技能传授、项目化培育过程中，绿点将大学生志愿热情转化切实有效的治水力量。

图3.2-4　“我为地标测水”系列活动之白鹅潭测水活动合影

在发现高校环保社团普遍存在的组织定位不清、组织机制不完善、外部支持不足等现象后，2016 年，在绿点的推动下，广东女子职业技术学院绿意环保协会、广东工业大学绿色行动环保协会（龙洞校区）、广东金融学院绿时环保协会、华南师范大学绿色文明社团大学城校区分社、广东农工商职业技术学院（北校区）绿色环保协会、广东环境保护工程职业学院晴心环保协会、仲恺农业工程学院白云校区环保协会七个大学生环保社团（项目组）联合发起高校水联合行动项目，依托高校环保社团，为大学生参与水环境治理提供行动、交流的载体，从而构建社会支持网络，链接外部资源，运用项目化模式促进治水行动长效化发展，探索治水志愿活动的可为空间。

高校水联合行动通过团队协作，培养志愿者策划和实施项目的能力，从目标制订，方案实践，到及时反馈与外部联动，最大限度地提升青年志愿者治水参与能力。

3.2.3 实施成效

（1）以课程化的理念管理志愿服务。

校园是发动社会广泛参与的有效阵地，在动员公众进行治水参与上，绿点采用水环境知识教学的手段（见图 3.2-5），紧密结合社会实际，在增长学生水环境知识的同时提升其相应的参与能力。

推进水环境议题进校园。依托校园平台，建立学习并开展治水志愿服务活动的长效机制。“绿豆丁爱地球”课堂创新性十足，除了常规的 PPT 讲解，还应用多种新颖的教学手法，包括探究式教学、主题互动教学、戏剧式教学等。在这过程中，孩子们可互动、可动手，和老师一起营造趣味十足的环境教育课堂。在快乐的学习过程中了解治水的知识，提高学生的学习接受程度，真正做到“寓教于乐”。通过由专业人士带领学生到河涌边现场教学测水质，以及进行走访实践教学等活动，以趣味性的教学手段提高学生对治水教育的接受度（见图 3.2-6）。

图 3.2-5　民间小河长课堂

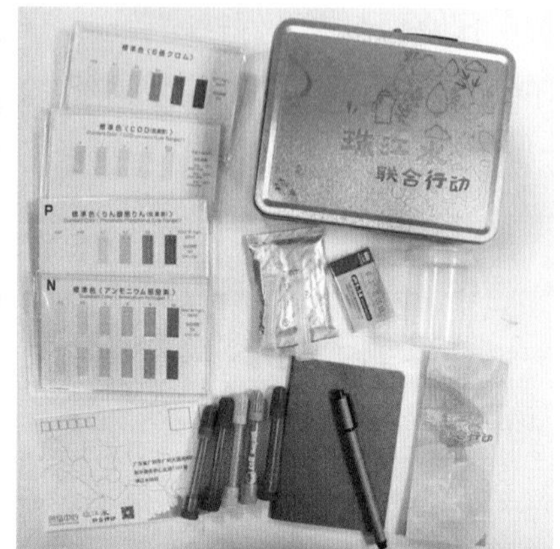

图 3.2-6　水科普工具盒

（2）以大学生群体为主要抓手。

青年兴则国家兴，青年强则国家强。绿点作为一个致力于让大学生成为环保行动者的组织，充分对接在校大学生的需求，通过高校水联合行动培养治水参与者，旨在形成一张由全市各高校组成的大学生志愿者组织网络，用以点带面的方式推动更多人关注水环境治理。高校是知识和人才密集"区域"，高校青年志愿服务注重提倡学生结合所学专业知识开展服务活动，绿点组织开展的活动，旨在推动大学生理论结合实际，既服务社会又加深专业学习，唤起大学生志愿队伍的情感共鸣。个体的主动性、积极性和创造性是青年志愿者活动不断发展的原动力，绿点通过相关活动的开展，让大学生将治水志愿服务内化于心、外化于行，同时也增强了大学生的社会责任感和城市归属感，从而持久释放出参与志愿服务的情感和能量。

（3）以丰富志愿内涵开展项目活动。

从传统的环保宣传教育到丰富现代化多元化的环境教育内涵，不仅需要内容的转变，更需要形式和途径的创新。借助项目品牌优势，吸纳社会资源，绿点开创了富有特色的治水参与志愿服务。针对服务对象的适应性、系统性，绿点设计创造了一系列环保行动，成功孵化了一批具有创新性、带动性的环保宣传精品活动，将治水志愿服务理念不断扩展创新，营造出人人参与的浓厚氛围；普及相关知识，加强技能指导，广泛开展通俗易懂、形式多样的水环境保护宣传教育，引导青少年群体从不同方面加深治水的认识（见图 3.2-7）。

图 3.2-7　水环境教育课堂

3.2.4　经验启示

绿点以学生群体为重点对象，通过课程化的理念管理志愿服务、创新宣传途径和方式唤醒公众的关注，丰富了治水志愿服务的内涵。优秀的志愿服务项目是推动志愿服务事业持久发展的首要条件。绿点通过推动项目持续运行，打造特有的志愿服务品牌，形成项目化运作，得到社会广泛认可和支持，并由此汇集不同的资源和力量，从而深入推进志愿服务持续开展，这成为绿点独具特色的社会动员方式。在绿点开展的活动中，志愿者亲身参与并传递环保意识，公众尤其是青年学生的治水力量得到了极大的培育和提升，通过多种形式的学习交流，绿点在提高全民的环境保护知识上进行了卓有成效的尝试，真正将志愿热情转化为社会力量，推动形成长效发展的志愿服务机制，也给予其他地区的志愿服务队伍更多启示。

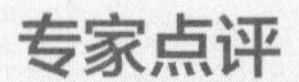

广州市绿点公益环保促进会通过培育学生队伍、提供研学机会、开展志愿服务等丰富而又贴近青少年学习生活的形式，推动青年学习、体验并深度参与治水实践，为组织引导广大青少年通过志愿服务深入践行社会主义核心价值观，弘扬“奉献、友爱、互助、进步”的志愿精神，提供了卓有成效的经验探索。

绿点公益环保促进会发动青少年群体投身治水志愿服务，在以下几个方面取得了良好的经验：一是推进资源链接、引导跨界投入，绿点通过积极发挥自身公益组织定位，将各级生态环境及教育行政机关、大中小学校等教育机构、媒体及企业等各界力量有机链接，探索环境教育项目的研发、落地及推广，不断扩大其在青少年环境科普教育中的影响；二是教研行结合、分层组织推进，绿点在重点把握青少年以学习受教育为主业的同时，根据不同年龄层次分类施教，既有适应于小学生的游戏、戏剧与视频手段，也有常规课堂教学、专题社会调研以及水环境现场监测实操等适用于大中学生的专业技能传授及演练，因地制宜、因材施教，避免了环保知识教育的“本本化”，也有效提升了治水参与实践的知识性与科学性；三是项目品牌化运作、实现多方共赢，绿点通过举办系列治水活动，一方面使青年走出校园走向田野和社群开展志愿活动，为环保志愿服务源源不断地输送新鲜血液；另一方面使公益环保走进青年学习的课堂，促进青年在公益参与实践中成长成才；而且，志愿者组织自身也形成了服务品牌并获得社会广泛认可，有益于其视野的持续发展。

与此同时，以志愿活动为媒，专业机构组织凝结政府、学校、社会和市场部门的共同努力，能够进一步加强对广大青少年的教育、引领、服务与凝聚，巩固和加强国家治理能力和治理体系现代化过程中的青年群众基础和人才支撑。

（唐斌，华南农业大学公共管理学院副院长、教授）

相关链接

访谈提纲：

（1）请介绍一下贵组织的基本情况，如人员规模、结构、流动性如何？一共培育了多少志愿者队伍，这些队伍持续了多长时间，目前这些河长志愿者骨干有多少人？

（2）贵组织是如何发挥自身在治水参与中作用的？

（3）贵组织是否与官方河长产生联系？怎么维持这种联系？

（4）贵组织是如何发动周围群众一起参与到你们的治水行动中的，过程中有没有什么实际困难或成功的经验？

（5）贵组织在未来有怎么样的计划进一步推动公众参与？

拓展阅读：

共建共治共享之绘就社会治水新画卷｜优秀！广州市绿点公益环保促进会推介！

https://mp.weixin.qq.com/s/PLBRPxjyVENiI0QplyUM4Q

3.3 “青城”创新传统环教模式 激发民众护水热情

宣传教育是社会组织的重要功能之一，但在宣教过程尤其是环保宣教过程中，逐渐显现出流于形式、因循守旧的问题。如何引入创新元素，推动公众加强环保意识、积极参与环保活动，是当下社会组织所应思考的首要问题。广州青城环境文化发展中心作为一家专注于水资源保护、保护地管理以及环境教育等议题的民间环保公益机构，开创性地推出了“流域共治——可持续发展教育桌游”及配套的教育课程，形成了机构特有品牌，让参与者通过轻松愉悦的方式了解治水理念和方法，这既激发了民众环保热情，也推动了参与者对治水的深入思考。

3.3.1 案例背景

近年来，随着河长制政策的大力推行，全国各地稳步推进治水进程，广州更是走在全国前列。由于水环境治理系统性和综合性的特点，水生态的进一步改善无法通过单一的工程手段实现。为持续推动水环境治理，需要更系统性的问题分析、更广泛的参与和更丰富的治理手段，同时也应意识到，水是每个公民共有的资源。然而，在环境教育领域上，国内的实操内容仍然留有较大空白，导致人们并未形成在作为水资源的使用者、污染的产生者和排放者的同时也可以成为水污染问题解决者的普遍认知。为让更多人关注流域治理，参与到具体的流域保护行动中，需要共同探讨治理流域内水生态环境面临的问题，以及转变原来单一依靠政府的思维模式，创建一个适合多利益相关方参与的协商平台。基于以上考虑，广州青城环境文化发展中心（以下简称“青城环境”）联合国际可持续水管理联盟（AWS）和世界自然保护联盟（IUCN），共同组建专家团队，经过多次测试和验证，开发并设计制作流域共治桌游产品，2019 年，青城环境研发出“流域共治——可持续发展教育桌游”公益产品（以下简称“流域共治桌游”），该产品为国内首个自行研发的流域共治环境教育游戏课程。

3.3.2 主要做法

流域共治桌游作为一种体验式的教学方式，是继传统教学及案例教学之后的一种教学创新。通过使用流域共治桌游游戏盒子，参与者可以扮演各利益相关方参与流域共治（见图 3.3-1）。该项目的主要做法包括以下几个方面。

流域共治桌游以及配套的教育课程（见图 3.3-2）由阿拉善 SEE 珠江项目中心资助，广州青城环境文化发展中心、联合国际可持续水管理联盟（AWS）和世界自然保护联盟（IUCN）共同组建专家团队，经过多次测试和验证，开发并设计制作而成。在这样一场游戏中，每个人用所抽取的角色参与流域的现实场景与经济生活。通过卡牌桌游的形式，在主持人的引导下，玩家逐渐“入戏”，分别扮演政府、商界、民间中的某一角色，以第一人称参与流域场景，就流域内发生的提案进行表决和投资，甚至直接将自己当作利益主体。通过一场活动，参与者可以了解到流域、利益相关方等基本概念，同时，能够学习从整个流域的视角来审视环境治理与经济发展问题。借助桌游模拟，强化了参与者的管理知识、训练管理技能，有助于全面提高参与者的环保综合素质。在游戏过程中，通过沉浸式角色扮演的方式，参与者不仅能丰富环保知识和提升环保意识，了解不同事件对于环境、经济、社会带来的影响，而且能身临其境进行充分讨论和辩论，从而加深对流域水资源管理的认识（见图 3.3-3）。

图 3.3-1 流域共治桌游活动现场

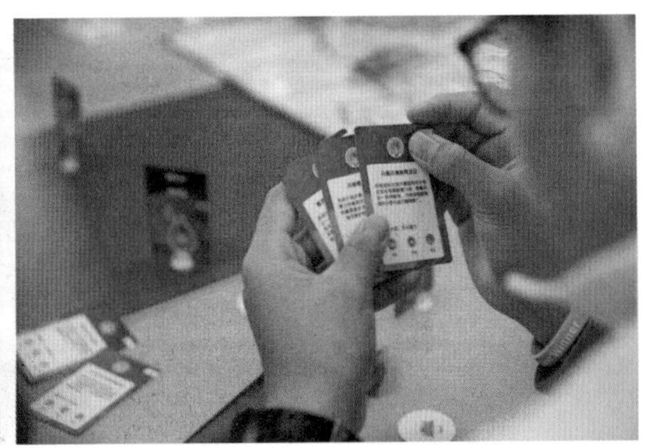

图 3.3-2 流域共治桌游

图 3.3-3　对流域共治桌游的沉浸式体验

对于企业而言，流域共治桌游有助于提升其承担社会责任，推动周边相关方形成共同保护水资源的意识；对于公众而言，流域共治桌游有助于其感受这一场景内各利益相关方的考量和博弈，更加深入地理解政策施行及环境保护的内涵（见图 3.3-4）。而如何互利共赢、实现经济社会及环境的协同发展是值得认真思考的问题。

图 3.3-4　流域共治桌游现场体验

研发者综合考虑了在流域治理过程中会出现的各种事件，把流域分成上、中、下游三个子流域，针对流域上、中、下游的不同情况，有针对性地开发子流域事件，玩家对不同提案的提出、决议和通过，加入新闻卡，对环境、经济、社会三方面的分值产生对应的影响，最后根据总分产生流域赢家，完成桌游过程。在桌游过程中参与者的积极性被充分调动，并针对提案内容进行讨论及辩论，加深其对流域水资源管理的认识，达到提升流域共治理念教育的目的。

3.3.3 实施成效

（1）项目流程完整规范，提高活动可持续性。

在项目的设计上，青城环境充分利用商业领域的项目管理概念，从项目可行性分析、项目目标分解、项目执行流程、项目预算、项目预期效果分析、项目决算等方面进行了精细的设计和规划，并在不断的推广实践中，及时地调整游戏设置，最大限度地提高了项目的适配性和应用性。同时，该项目通过培养培训师，形成一批有能力开展活动的人员和机构，与企业志愿者活动及各类环保相关活动相结合，与不同机构合作，打开了活动的应用领域，推动了项目的可持续发展。截至目前，青城环境在广州、上海、深圳、杭州、昆明、贵阳、珠海等全国多个城市直接组织开展活动超 20 场次，线下活动直接覆盖人数逾千人。

（2）产品适用性强，活动覆盖面广。

在流域共治桌游中，参与者可以通过模拟角色扮演，设身处地地参与到流域共治的过程中。由于产品本身科学的设计和寓教于乐的形式，该项目广泛适用于环保机构开展内训、大学相关专业教学和环境教育基地开展活动等。目前流域共治桌游参与人群有环保机构从业者、学校师生、企业员工等，活动走进了中山大学、云南大学、北京师范大学－香港浸会大学联合国际学院、宁波诺丁汉大学、华南师范大学、广州大学等多所高校的教学课堂，走进了海珠国家湿地公园等自然保护地的科教中心，还走进了一些大企业的在岗培训，受到了参与者的普遍好评。

3.3.4 经验启示

推动全民提升治水意识、发动民众积极参与水环境治理，是推动水环境治理常态化的有效抓手。而如何找到可以真正激发民众环保热情的动员方式，青城环境给出了最好的答案。青城环境打破了传统环保宣教模式，开发流域共治桌游，突破说教式的环保宣教方式，采用创新的桌游设计，让参与者在游戏的过程中通过角色扮演，学习流域治理知识，培养参与意识，从而提升参与流域共同治理的意愿和能力。

品牌是一个机构最为宝贵的资产之一。在项目的选择与开发、管理模式与设计流程、运作的制度安排与设计、项目执行与相关伙伴的关系上，青城环境能够结合自身的专业性技术以及水环境治理的现实情况，对接社会需求，建立品牌项目，除了获取相关合作方的信任，获得运作资金，同时也提升组织社会认知度。“流域共治——可持续发展教育桌游”项目曾于 2019 年荣获第三届广州社会创新论坛“社会创新飞跃奖”。通过开创参与式、体验式的游戏活动，从环境工程专业的大学生课堂、世界 500 强企业的员工培训、中小学生夏令营、环保组织的培训会议，到线下的街头筹款、展示活动，青城环境将流域共治桌游应用于多个场景，为吸引人们加入水环境保护的思考和行动提供了高质量的公益服务，在治水领域走出了一条推动公众参与的创新之路。

专家点评

在环保宣教过程中，传统的模式逐渐显现出流于形式、因循守旧的问题。具体到水环境宣教领域，实操内容仍然留有较大空白，导致人们并未形成作为水资源的使用者、污染的产生者和排放者的同时也可以成为问题解决者的普遍认知。如何引入创新元素，推动公众加强环保意识、积极参与环保活动，是当下环保社会组织应思考的重要问题。广州青城环境文化发展中心作为一家专注于水资源保护、保护地管理以及环境教育等议题的民间环保公益机构，开创性地推出了“流域共治——可持续发展教育桌游”及配套的教育课程，形成了机构特有品牌，让参与者通过轻松愉悦的方式了解治水理念和方法，激发民众环保热情，推动参与者进行深入思考。

流域共治桌游作为一种体验式的教学方式，是继传统教学及案例教学之后的一种教学创新。通过使用“流域共治桌游”游戏盒子，参与者可以扮演各利益相关方参与流域共治。通过一场活动，参与者可以了解到流域、利益相关方等基本概念，同时，能够学习从整个流域的视角来审视环境治理与经济发展问题。借助桌游模拟，强化了参与者的管理知识、训练管理技能，有助于全面提高参与者的环保综合素质。在游戏过程中，通过沉浸式角色扮演的方式，参与者不仅能提升环保知识和环保意识，了解不同事件对于环境、经济、社会带来的影响，并且能身在其中进行充分讨论和辩论，从而加深对流域水资源管理的认识。

青城环境文化发展中心开发的“流域共治——可持续发展教育桌游”，突破说教式的环保宣教方式，通过创新的桌游设计，让参与者在游戏的过程中通过角色扮演，学习流域治理知识，培养参与意识，从而提升参与流域共同治理的意愿和能力。对于企业而言，这有助于提升其承担社会责任，推动周边相关方一起保护水资源的意识；对于公众而言，有助于其感受这一场景内各利益相关方的考量和博弈，进一步理解政策施行及环境保护的内涵。该宣教模式创新将流域共治桌游应用于多个场景，为吸引人们加入水环境保护的思考和行动提供了高质量的公益服务，在治水领域走出了一条推动公众参与的创新之路。

（杨爱平，华南师范大学政治与公共管理学院副院长、教授、博士生导师）

相关链接

访谈提纲：

（1）请简要介绍贵单位的组织架构和成员情况以及目前组织的资金来源情况。

（2）贵单位成功推动公众参与的模式是什么？如何推动？

（3）贵单位是如何打造自身品牌的？

（4）在通过桌游激励公众参与过程中遇到过什么困难？是怎样解决的？

拓展阅读：

共建共治共享之绘就社会治水新画卷丨点赞！广州市青城环境环保公益组织推介！

https://mp.weixin.qq.com/s/rx3Aeblqip-EdVQWaZrWFQ

3.4 “新生活”发挥专业倡导优势 推动公民在地参与

在广州，有这样一群人，他们风雨无阻，在固定日期巡河，及时上报问题；有这样一个社区，他们依托传统龙舟文化，推动河涌从“墨水缸”到水清岸美景象的转变。而在他们的背后，是这样一个组织，他们扎根广州本土，利用自己的专业性与草根性，最大限度地凝聚基层社会治水兴水的力量。作为专业治水组织，新生活环保促进会充分发挥其优势，为推动广州市公众治水参与的内生机制而努力。

3.4.1 案例背景

党的十九大报告提出，要构建政府为主导、企业为主体、社会组织和公众共同参与的环境治理体系。2020 年 3 月，中共中央办公厅、国务院办公厅印发《关于构建现代环境治理体系的指导意见》，明确了“环境治理体系建设的基本原则之一为坚持多方共治，明晰政府、企业、公众等各类主体权责，畅通参与渠道，形成全社会共同推进环境治理的良好格局”。如今，在政府主导的基础上引入社会组织力量，形成多元主体的协同治理模式，已成为治水行动转向的必由之路。治水领域的工作正体现着“共治共享”的发展趋势。2016 年，河长制在全国推行，广州也随之打响治水攻坚战，经过几年奋战，目前，广州被列入住房和城乡建设部监管平台的 147 条黑臭水体已全部消除黑臭，广州也因此被中国生态环境部评为中国仅有的两座治水先进城市之一。而在广州亮眼的治水“成绩单”中，“开门治水”的理念发挥着关键作用，作为多元治理主体之一的社会组织功不可没，新生活环保促进会（以下简称“新生活”）就在这其中扮演着重要角色。

3.4.2 主要做法

作为专业的环保组织，新生活深耕水环境治理第一线，机构所开展的活动都基于河流以及水源的保育，自广州市河长制推行以来，协助打破原有的政府单一主体主导的河流治理局面，开展了众多关于水资源保护的项目与活动，如教育项目“河流笔记”、公众参与项目“社区民间河长”、研究河流治理和流域保护“清浚计划”、水源地调研和保护“珠水长清项目”等。其中，最为突出的是培育在地民间河长行动，以及在河流水质和污染防治上深度参与的清浚计划。

（1）民间河长计划——构建全民治水格局。

2017 年 7 月，广州市河长办公开招募“民间河长”，引导公众参与和监督河长制工作。由于前期新生活已在培育护河小队上积累了经验，广州市水务局向其发出邀请，让其承担公众参与的协助工作，共同推进民间河长项目建设。在此过程中，新生活通过资源链接、专业培训等方式有效地培育了巡河志愿队伍，推动社区水环境治理。自项目开展以来，新生活共组建培育社区民间河长队伍 20 多个，大学生民间河长队伍 10 多个，民间小河长队伍近 10 个。其中，较为突出的案例为乐行驷马涌队伍与车陂涌队伍。

一是对接在地居民需求，推动社区环境治理。驷马涌坐落于彩虹街内，作为广州第一涌，其承载着广州丰厚的历史文化，水质状况与周边环境一直备受居民关注。20 世纪 80 年代以来，随着城市化与工业化的迅速发展，驷马涌的水质及周围环境日益恶化，严重影响了社区居民的正常生活，居民对驷马涌环境的改善有着强烈的愿望和需求。2013 年 5 月，在新生活成员的组织下，“保护驷马涌”小队正式成立。2015 年，一场大雨过后，驷马涌一夜变红，以新生活为沟通中介，驷马涌小队借助媒体渠道发声，向有关部门积极反映情况，驷马涌小队因“红河事件”一战成名，不仅推动了事件的解决，更开始深入参与本社区水环境治理。驷马涌小队自成立以来，无论严寒酷热，都风雨无阻地坚持巡河，对驷马涌巡查 300 多次，同时也走巡了车陂涌、海珠涌、荔枝湾涌、东濠涌等十多条河涌，累计服务时数 8000 多小时，巡查路程 6000 多千米，组织环保宣传 20 多场，居民调查问卷 400 多份。驷马涌小队绘制了驷马涌河长地图和污染源图等一批治水资料，多次向职能部门和媒体反映情况提交建议，向社会发送巡涌微博 600

多篇，多次与社会组织及志愿者交流分享，带动和促进了治水的公众参与，与河长及居民建立了良好的关系，使环境治理更具成效。新生活通过发展乐行驷马涌这一志愿者队伍，发掘、组织和动员本土资源去推动治河进程，推动当地人关注河流，也不断增进民众对河长制工作的了解（见图 3.4-1）。

图 3.4-1　居民队伍巡河

二是依托本土民俗文化，点燃社区治水热情。2017 年，广州市政府常务会议提出要按时完成 35 条黑臭河涌的整治，到 2020 年年底基本消除黑臭。在这份黑臭河流名单中，车陂涌位列榜首，但其截污管道铺设的工程，却在最后的 300 米处因遭村民们反对而难以继续推进。民众的反对声音主要集中于房屋建筑安全、噪声扰民与周边生意恐受影响等问题上，当地民众用各种方式阻碍工程进行。为解决矛盾，新生活成员通过参与官方座谈会、与官方河长共同巡河、现场考察情况、在报纸专栏上发表评论性文章等形式进行介入。新生活经过走访调研，充分了解以及传达不同利益主体的考量，积极寻找事件解决突破口，为相关部门与民众链接沟通渠道，促进双方了解互信，在推动车陂涌治水工程进度上发挥了重要作用。同时，通过挖掘本土传统资源，策划相关龙舟活动，使当地民众意识到高质量的龙舟庆祝体验与治水工作开展的相关性，加上彼时政府投入巨大的资金用以治理黑臭水体，居民巡涌护涌热情高涨。在车陂村委会的大力支持下，“车陂涌龙舟文化促进会”应运而生。该协会成立的第一要事，便是改善水质，在“一水同舟，守望相助”的号召下，各种治水小分队在社区如雨后春笋般生长起来，车陂涌逐渐重现生机。龙舟文化促进会将社区环境改善和民俗文化保育同步进行，举办一系列龙舟文化活动，包括建起全国首个社区龙舟文化展馆，举办历时超过半年的国际龙舟文化节。2017 年，“车陂村扒龙舟”成功申报为广州市第六批非物质文化遗产代表性项目；2019 年，新生活公益项目获第四届广州市社会创新榜“最佳社会共融项目”。

在这场传统龙舟文化保育背后，营造了居民对社区生态环保共建共治共享的公益氛围，真正达成新生活“让社区水更清，人更善，景更美”的愿景。

（2）清浚计划——助力黑臭水体治理。

为贯彻落实《国务院关于印发水污染防治行动计划的通知》（国发〔2015〕17 号，以下简称《水十条》）和《广东省人民政府关于印发广东省水污染防治行动计划实施方案》（粤府〔2015〕131 号），广州市结合南粤水更清行动计划实施情况及广州市实际，以流溪河水环境保护为重点，突出广佛跨界河流及建成区黑臭水体的综合整治，编制了《广州市水污染防治行动计划实施方案》（穗府〔2016〕9 号）。方案确定的广州市水污染防治主要指标为：到 2017 年年底，全市城市建成区基本消除黑臭水体。新生活抓住这一政策窗口期，于 2016 年 11 月成立“清浚计划”项目组，以荔湾区三条不同背景的黑臭河流——地铁 A 涌、驷马涌、沙基涌作为试验点，以广州市为研究目标，通过实地调研等方式，从民间环保组织的角度进行河流治理调研。“清浚计划”项目在组织专家和志愿者进行科学调研的基础上，积极寻求相关治水环保企业的支持，进行治水技术和河流治理的综合研究，并向治水相关部门提供研究所得的各类治水建议，产出申请信息公开集、访谈汇编、水质检测数据库、排水口数据库等研究材料，并通过多场研讨会，探讨黑臭水体治理的更多可能性（见图 3.4-2）。

图 3.4-2　新生活举办河流治理交流会

3.4.3　实施成效

（1）项目类型丰富，参与群体范围广。

不断完善的专业服务以及形成的品牌项目是组织知名度、影响力提升的关键。新生活定位明确，始终坚定其推动城市生态环境治理、让羊城再现碧水蓝天的使命，在水环境议题上开展了诸多探索，覆盖群体范围广泛。针对河长制开展了“民间河长计划”；针对儿童环保教育设计开发了“小小水探长湿地体验营”；针对珠江水资源保护问题联合其他三家环保组织共同发起了“珠江水联合行动”、保护广州江河的“江河卫士”项目、研究河流治理的“清浚计划”项目等成熟的品牌项目。这些项目运行至今，历经了立项、调研、实践、推广等阶段，已日渐体系化制度化。通过项目的开展，新生活服务的专业化程度不断提升，始终在广州市水环境治理中发挥着独特作用（见图 3.4-3）。

（2）挖掘社区资源，发动在地居民参与。

作为本土组织，新生活在水环境领域取得不俗成绩的关键之处在于其最大限度地发动了社区居民的参与，积极与社会主体进行联动，从社会基本单元——社

图 3.4-3 新生活在“世界地球日”开展的活动

区入手，推动社区居民对环境和河涌治理的重视。在取得社会群众信任方面，新生活巧妙利用居民志愿者、龙舟文化等社会资源进行社区宣传，让居民走进治水一线，深切理解河涌治理的困难和长期性，推动水环境治理理念深入人心。不管是在驷马涌“红河事件”中，还是车陂涌“进不去的三百米”中，新生活都能巧妙地将工作重点从被动的社会动员转换到主动的公众参与上来，挖掘社区资源，提高社区居民参与的主动性与积极性。同时，培训志愿者掌握水质检测方法，调动志愿者巡河热情，在给予志愿者实操机会的同时，鼓励其提交建议、参与官方决策过程，这不仅增强了巡涌的乐趣和体验感，也使志愿者亲身感知到水质的状况，更加提高其作为现代公民的社会责任感。这是新生活动员民众参与活动的一大特色，也是广州市推动公众进行治水参与的破局之策。立足当地，讲好巡河治水的故事，让每次活动意义不止于治水本身，新生活更挖掘出参与每一条河流治理背后的深层意义，形成众多典型案例（见图 3.4-4）。

（3）发挥倡导优势，深度参与治水进程。

新生活的前身是由广州的一群志愿者自发组建成立的广州青年志愿者环保总队，缘起亚运治水运动，该团队通过“公众暨环保志愿者交流座谈会”与政

图 3.4-4　广州市民间河长志愿培训活动

府部门有了第一次正式接触，并获广州市副市长授队旗。经过实践，团队最终转型成为关注和促进河流治理的环保组织，并于 2013 年正式在民政部门注册，成为市级环保社团。同年通过开展“河去河从”项目，发动群众巡河，及时曝光问题，主动与相关部门展开互动，也使越来越多的人了解到河涌变化并采取行动，该项目获广东省环境保护宣传教育中心授予的年度“广东环保公益突出贡献奖”。

自河长制推行以来，广州市除迅速构建四级官方河长体系外，也积极践行“共建共治共享”理念，推行“开门治水、人人参与”，广泛发动社会力量。在这样的政策背景下，新生活利用自身专业优势，主动发挥社会组织政策倡导功能，深度参与广州治水进程。2010—2019 年，新生活着力于培养广州社区民间河长，加强对黑臭水体治理的调查研究，多次介入水环境治理相关事件，通过借助媒体渠道曝光问题、撰写专栏文章表达诉求，利用自身专业特性形成研究报告并提交等方式，共提交河流保护和黑臭水体治理相关意见建议 54 次，提交给 64 个相应的政府部门，其中，关于水源规划 10 次，关于饮用水水源地 5 次，关于治水

19次，回应意见征询30次，促成座谈会9次，促成整改3次；与广州市市级和区级河长办合作举办座谈会和开展联合行动共45次。

3.4.4 经验启示

作为环境保护领域的社会组织，新生活并没有广泛涉足极富包容性的环保议题的方方面面，而是将其精力集中放在水环境问题上，其以环保的宣传者、践行者为己任，秉持“倡导社区环保实践，让城市与河流共荣”理念，长期关注广州河流污染和河涌治理。在广州市不断形成“河长领治、上下同治、部门联治、全民群治、水陆共治”的治理体系下，新生活作为连接公众与政府的桥梁，承担着民众参与水环境治理的组织者角色。作为本土草根组织，新生活深入每个社区，直接与居民进行接触，丰富治水活动理念，不仅让参与者参与治水活动，更为其提供一个接受技能培训、学习河流调研、参与河流治理的平台。通过社区宣传、巡河调研、保护水源等行动，新生活持续地推动河流保护的研究与科普、河流治理的公众参与，协助促进广州及周边城市的水环境治理。

专家点评

民间河长制是官方河长制的一个重要补充，是“河共治”“河全治”的重要支撑。党中央强调建设人人有责、人人尽责、人人享有的社会治理共同体，其中，社会组织是社会治理共同体的有机组成。新生活环保促进会发挥倡导优势、推动公众治水参与的案例，就是治水方面“共建共治共享”的典型案例。

第一，社会组织特别是草根组织具有参与共治的灵活性，是坚持和完善“共建共治共享”社会治理制度的重要载体。案例显示，社会组织在深入百姓生活、了解百姓诉求、撬动百姓参与等方面具有比较优势，既接近百姓，又能将百姓带入公共治理的议程，成为党和政府联系服务群众的桥梁和纽带、促进社会和谐的“黏合剂”以及社会治理的重要力量。

第二，政府部门对社会组织的支持，是形成“开门治水”的重要保障，政府只是河水共治拼图的重要一元，认可社会组织、调动社会组织是加强治水力量、形成共治拼图的关键，案例中广州市水务局对新生活环保促进会的认可和支持、广州市各级政府部门对其意见的重视并将其纳入联合行动的工作，打开了社会组织参与共同治理的机会之窗，有利于维持健康的合作关系。

第三，社会组织自身的能力建设、工作方式的探索，是促成“开门治水”的重要条件。案例显示，新生活环保促进会在“对接在地居民需求、调动居民参与、助力黑臭水体治理”等方面有优异的表现，有力地促进了“共建共治共享”，促进政府职能持续转变和提升基层治理能力。这些成绩的取得，除了政府的支持以外，更重要的是其自身能力的提升和多样化工作方式的探索。

（吴晓林，南开大学周恩来政府管理学院教授）

相关链接

访谈提纲：

（1）请简要介绍贵单位的组织架构及成员情况和目前组织的资金来源情况。

（2）贵单位成功推动公众参与的原因是什么？如何推动？具体过程？

（3）贵单位是如何培育民间河长的？

（4）在培育民间河长的过程中遇到什么困难？如何解决？

拓展阅读：

共建共治共享之绘就社会治水新画卷｜优秀民间河长：慕容叔

https://mp.weixin.qq.com/s/vqtCvN2Gbj8CUTWVxivEmA

附录
FULU

调研图片

广州市白云区河长办研讨会

广州市白云区河长办智慧视频系统

广州市天河区岑村调研

广州市白云区白云湖街道调研

“数据赋能河长制”研讨会

广州市水务局调研

广州市增城区河长办座谈会

实地走访广州市增城区荔城街道河长办

广州市海珠区河长办研讨会

广州市海珠区瑞宝街道治水经验分享会

广州市河长办工程督办组访谈

广州市河长办信息小组访谈

在广州市工业和信息化局调研（一）

在广州市工业和信息化局调研（二）

赴广州市政务服务数据管理局访谈

在广州市荔湾区汇龙小学实地调研

在广州市河涌监测中心调研

“散乱污”用电大数据系统讲解

与“绿点”“青城”“新生活”开展经验分享会

民间河长交流会

“广州市绿点公益环保促进会”现场讲解

“广州市新生活环保促进会”现场讲解

参考文献

CANKAOWENXIAN

[1] 南翔镇，蒋诗逸 . 夯实基层党组织“最后一公里”战斗堡垒作用 [N/OL]，人民网，2020-07-14[2021-02-06].http：//sh.people.com.cn/n2/2020/0714/c373960-34155903.html.

[2] 刘军 . 广州白云区“治水拔钉”守护绿水青山，白云湖红棉侠快闪表白祖国 [N/OL]. 南方都市报，2019-09-27[2020-02-06].https：//ishare.ifeng.com/c/s/7qJqTDGLN3J.

[3] 符超军 . 大数据赋能 精准整治“散乱污”[N/OL]. 南方日报，2019--04-11[2020-02-06]. http：//www.myzaker.com/article/5caedec777ac64190212824chtml.

[4] 李欣 .“散乱污”企业找不着? 广州利用大数据筛查监控 [N/OL]. 南方网，2019-04-11[2020-02-06]. http：//gz.southcn.com/content/2019-04/11/content_186616548.htm.

[5] 何伟杰 . 广州市河长办通报近期治水工作情况 前三月共 124 人被问责 [N/OL]. 金羊网，2019-04-23[2020-02-06]. https：//www.sohu.com/a/309927770_119778.

[6] 姚玉函，杜兰梅 . 一无证照电镀厂污染环境 7 名涉案人员被判刑 [N/OL]. 增城日报，2020-02-06[2020-06-18].http：//zcrb.zcwin.com/content/202006/18/c148734.html.

[7] 广州人民政府 . 深化“3+1”智慧治水长效机制，推动源头减污由“水”向“岸”延申 [EB/OL].（2020-02-06）[2020-03-18]. http：//www.gz.gov.cn/xw/zwlb/gqdt/zcq/content/mpost_5736813.html.

[8] 广州水务 . 广州在全省率先推出“广州河长”APP 开启“掌上治水”平台 [EB/OL].（2017-09-10）[2020-02-06]. http：//static.nfapp.southcn.com/content/201709/10/c666675.html.

[9] 单湛波 . 政民合力“众采”共建美好人居 [N/OL]. 增城日报，2020-08-07[2021-02-06]. http：//zcrb.zcwin.com/content/202008/07/c151796.html.

[10] 玉函 . 万人巡河“找茬”，守护城市碧波 [N/OL]. 增城日报，2020-03-26[2021-02-06]. http：//zcrb.zcwin.com/content/202003/26/c143600.html.